THiNKr
新思

新一代人的思想

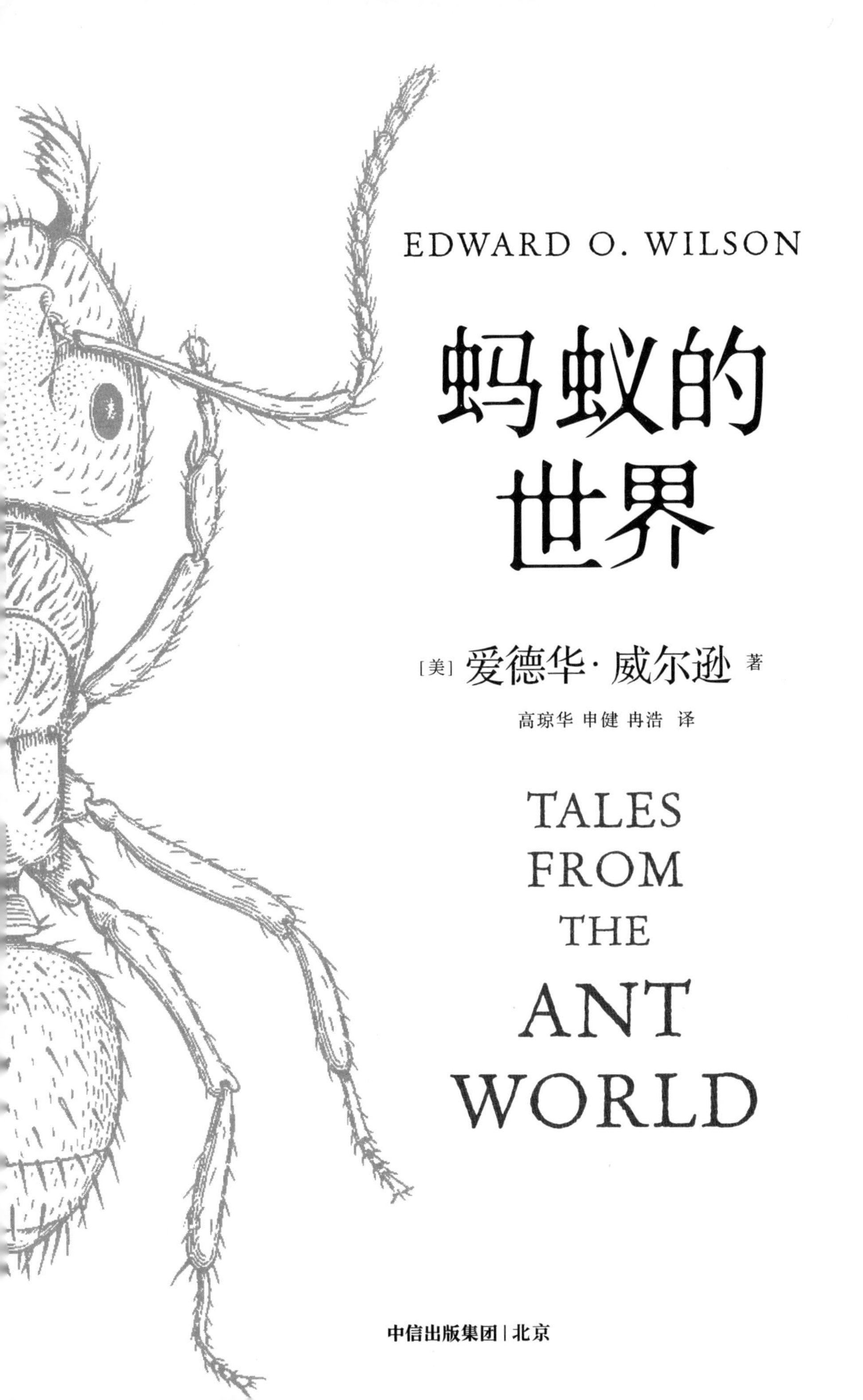

EDWARD O. WILSON

蚂蚁的世界

[美] 爱德华·威尔逊 著

高琼华 申健 冉浩 译

TALES FROM THE ANT WORLD

中信出版集团 | 北京

图书在版编目（CIP）数据

蚂蚁的世界 /（美）爱德华 · 威尔逊（Edward O.
Wilson）著；高琼华，申健，冉浩译 . -- 北京：中信
出版社，2022.1（2024.3重印）
书名原文： TALES FROM THE ANT WORLD
ISBN 978-7-5217-3501-7

Ⅰ . ①蚂… Ⅱ . ①爱… ②高… ③申… ④冉… Ⅲ .
①蚁科－普及读物 Ⅳ . ① Q969.554.2-49

中国版本图书馆 CIP 数据核字（2021）174566 号

蚂蚁的世界
著　　者：[美] 爱德华 · 威尔逊
译　　者：高琼华　申健　冉浩
出版发行：中信出版集团股份有限公司
（北京市朝阳区东三环北路 27 号嘉铭中心　邮编　100020）
承 印 者：北京盛通印刷股份有限公司

开本：880mm×1230mm 1/32　　印张：8　　字数：117 千字
版次：2022 年 1 月第 1 版　　印次：2024 年 3 月第 3 次印刷
京权图字：01–2020–4723　　书号：ISBN 978–7–5217–3501–7
定价：68.00 元

服务热线：400–600–8099
投稿邮箱：author@citicpub.com

Contents

目录

译者序

如果有人问，谁是当代最知名的蚁学家？那回答非爱德华·威尔逊莫属。这位蚁学家同时也是一位卓越的博物学家，他有非常多的荣誉和头衔，如美国科学院院士、美国艺术与科学院院士，他获得过克拉福德奖、美国国家科学奖章等重量级奖项，也被誉为社会生物学和生物多样性理论的奠基人，还是当代最具有影响力的50位科学家之一。在其专业领域，关于蚂蚁的研究上，他是无可辩驳的领导者之一。难能可贵的是，威尔逊也很会写书，也乐于向公众传播科学知识。他的两部著作《论人的天性》和《蚂蚁》，都先后获得过普利策奖，他甚至还写过小说。不过，在威尔逊所有的作品中，我个人觉得写得最有味道的，还是蚂蚁。

蚂蚁，是这个星球上最有魅力的生物类群之一。得出这样的评价并不仅仅因为我本人就是一个蚂蚁的死忠粉丝，而是因为事实确实如此。倘若你稍微留意一下我们的周围，就会发现蚂蚁是最常出现的动物之一。它们是如此成功，以至于它们渗透到了除了高寒地带以外陆地生态系统的各个角落，其总重量与我们人类处于同一个数量级。而当今世界蚂蚁的物种数则相当于鸟类和哺乳动物物种数的总和。这些在地下默默无闻的小昆虫正潜移默化地影响着整个地球的生态系统，哪怕是它们翻动的土壤，其总量也超过了众所周知的蚯蚓。

倘若我们更深入蚂蚁世界，我们就会发现许多神奇的地方。不同蚂蚁为了适应所在的生境，演化出了很多独特的行为，有些物种能够布置陷阱，有些物种能够快速奔跑或跳跃，有些物种能够游泳，甚至还有少数生活在雨林中的树栖物种掌握了滑翔能力！在这个世界里，每一窝蚂蚁都是一个小小的王国，你至少能在其中找到它们的女王和臣民。换个说法，就是蚁后和工蚁，但你多半没法找到它们的雄性国王——雄蚁在和雌蚁交配之后很快就会死去。而那些尚未交配的雄蚁和雌蚁还拥有宝贵的翅膀，它们是王国的王子和公主，会在特定的季节飞上蓝天，去寻找远方的配偶与新家园。就像威尔逊给出的评价那样，它们迷人，魅力无限。

威尔逊从小热爱自然，如有天助般，他发现了蚂蚁，或者说，他们发现了彼此。从此，他将蚂蚁作为终身的研究对象，发自内心地喜爱这些小小的昆虫。为了寻找蚂蚁，威尔逊前往世界各个地方，发生过许许多多新奇的故事。2020 年，已经 91 岁高龄的他，出版了新书 *Tales from the Ant World*，这是他最后一部作品，也就是您现在阅读的这本书。作为一名蚂蚁爱好者和研究者，我很高兴中信出版社能将它引进到国内，也很荣幸能有机会和另外两位译者一起，将这本书翻译成中文，呈现给您。

2021 年年末，这位著名生物学家的生命走到了尽头。似乎是对自己最后的时光有所察觉，这本书具有一定的自传性质，它选取了 26 个对威尔逊人生有重要影响、令他印象深刻或者让他自豪的故事，这些故事就像书名一样，都与蚂蚁有关，威尔逊的一生似乎都浓缩在了这一个个故事中。在这本书中，您将跟随着这位伟大而又具有传奇色彩的科学家，踏上探求蚂蚁世界秘密的旅程。在那里，您不仅将收获关于蚂蚁和生态系统的知识，还将感受到大科学家的智慧与执着。翻开此书，您多半不会失望。

面对这样一本好书，也让作为译者的我们备感压力。另外两位译者高琼华和申健为此付出了比我还要大的努力，他们都是非常优秀的昆虫学者。在科研合作中，他们认真、严谨的工作态度给我留下了深刻的印象。在这本书的翻译过程中，同样体现出了他们的这些特质。比如关于昆虫的数量单位如何翻译，他们就商议了很久，因为按照昆虫学的传统，虫子要按头数，也就是“一只蚂蚁”其实说成“一头蚂蚁”更准确。但是，这显然与公众的通俗说法不太一样。最后，我们几经商议，还是按照大家熟悉的方式，采用“只”做了单位。此外，本书的总策划张益、编辑黄丽晓和钱卫也对全书进行了尽心的核订和修改。尽管我们以非常认真的态度来对待这次翻译工作，但限于时间和能力，一些错误和疏漏仍然在所难免，也希望您在阅读过程中能不吝指正。如有发现，请发邮件到我的电子邮箱（ranh@vip.163.com），我们虚心接受并在此先行致谢！

最后，谨以此书纪念这位曾为科学事业做出卓越贡献的老人。开卷有益，也祝您在阅读中有所收获。

冉浩

2021 年 12 月

序：蚂蚁法则

我们每一个人，只要不是生活在极地冰盖，都曾在凝视脚边时看到过蚂蚁的身影，也或多或少听过关于这一类社会性昆虫的故事，尤其是它们和人类之间的故事。蚂蚁被认为是推动世界运行的小生物，也许可以算作益虫，或者中立力量。蚂蚁社会在形式和种类上都足以与人类社会匹敌。而且，它们数量惊人。如果智人（*Homo sapiens*）没有作为灵长类动物偶然出现在非洲草原上并迁徙到全世界，其他星系的访客降临到地球上时（记住我的话，他们迟早会来的），一定很愿意把地球称为“蚂蚁星球”。

我这一生，历经八十余载，一直都在钻研这神奇的昆虫世界，正是这些过往的经历让我写下了这本《蚂蚁的世界》（*Tales from the Ant World*）。从华盛顿特区和亚拉巴马州的小学开始，到成为哈佛大学研究型教授兼比较动物学博物馆昆虫馆馆长，我对昆虫世界的热爱从未改变过。在这些传奇故事中，我传达了一些从我和他人的研究中汲取的要点。顺便说一下，在学术界，我和我的同行都被称为蚁学家（myrmecologist）。尽管到现在为止我已经写了 30 多本书，但它们绝大多数都是学术性的。直到这本书，我才把蚁学作为一场身体和智力上的探险，来讲述其中的神奇故事。如果你愿意的话，可以把它当作一场探险故事。

我由衷地希望这本书能够吸引那些有兴趣在科学事业上有所发展的学生，我觉得即使从十岁开始培养这种兴趣也不算太早。眼前讨论的问题是非常开放的。现有的有关蚂蚁的博物志和生物学知识，只涵盖了迄今为止被发现、定名并详细研究的 1.5 万种蚂蚁的一小部分。除蚂蚁外，还有超过一百万种昆虫、蜘蛛和其他节肢动物有待充分关注和研究。未来的学者对生物圈这一部分的研究越充分，对我们和我们的世界就越有益。

我时常被随口问道："我该怎么对付厨房里的那些蚂蚁呢？"我的回答是，注意你的脚步，小心那些小生命，考虑成为一名业余蚁学家吧，为研究它们贡献一份力量。再者，为什么这些奇妙的小昆虫不能参观你的厨房呢？它们不携带疾病，或许还能帮你消灭那些真正携带病毒的昆虫。你比它们任意一个都大百万倍，双手就能把整个蚁群捧在手心。是你吓到了它们，而不应该是它们吓到了你。

我建议你对在厨房看到的蚂蚁物尽其用。比如说，喂养它们，并思考你的所见，就当是一段非正式的异域之旅。在地板或水槽里放几片指甲盖大小的食物。室内的蚂蚁十分喜欢蜂蜜、糖水、坚果碎屑和金枪鱼罐头等食物。附近的侦察蚁会很快找到其中一块诱饵，兴奋地奔回巢穴（在蚁群已经饥饿的情况下）。随之而来的将会是以人类经验看来迥然不同的社会行为，这些行为对其他星球来说也是陌生的。

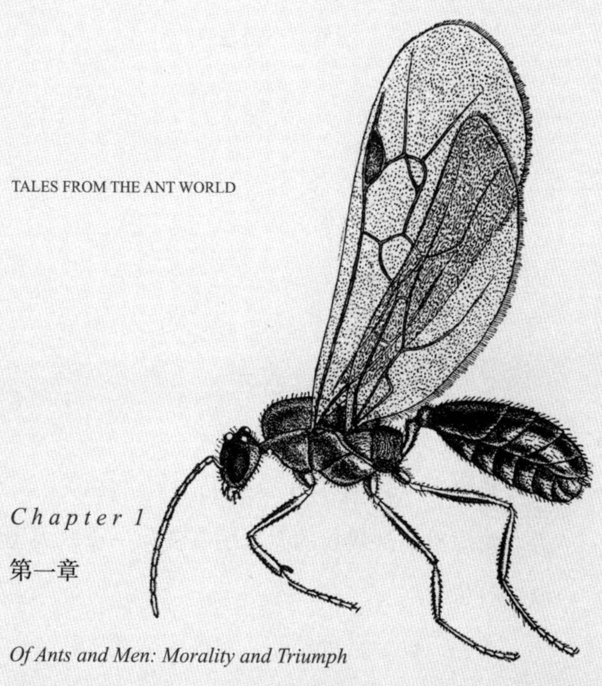

Chapter 1

第一章

Of Ants and Men: Morality and Triumph

蚂蚁与人类：道德与成就

我将以一段警示开启我们的蚁学之旅。在道德层面上，我想象不到蚂蚁的生活中有任何一点是人类能够或应该去效仿的。

首先，也是最重要的，蚁群内活跃于社会生活的都是雌性。在一切人类活动中，我都忠实地站在女性这边，但是在蚂蚁的世界里，我们不得不承认在其生存的 1.5 亿年间，两性自由主义已经失控了。雌性蚂蚁拥有完全的主导权。你看到的所有忙于劳动，忙于探索外部环境或参战（全面的蚂蚁战争）的蚂蚁都是雌性。相比雌性，雄性蚂蚁就显得格外可怜。它们有翅膀可以飞行，脑袋很小，复眼和生殖器很大。它们对母亲和姐妹毫无帮助，一生中唯一的作用就是在婚飞时与其他蚁群中的处女蚁后交配。

简而言之，雄性蚂蚁仅仅作为一群会飞的精子导弹存在于蚁群中。“导弹”一经发射，它们就会被禁止再次进入曾经生活过的蚁巢，即使在一些物种中，成功授精后它们成为拥有无数儿女的新蚁群的父亲，也逃不出被驱离蚁群的命运。雄蚁在婚飞时不管交配成功与否，都会被蚁群遗弃，并在之后的几小时或最多几天内死于雨水、高温或捕食者的爪牙之下。雄蚁不能只是待在家里毫无作为，对蚁群来说不劳动就是累赘。婚飞之后，徘徊在蚁巢附近的雄蚁就会被它们的姐妹赶走。

其次，相比于雌性的绝对统治，这条蚂蚁的道德准则更加令人毛骨悚然——许多蚂蚁类群都会吃掉受伤或死亡的同类。年老或残疾的工蚁会按照既定准则离开巢穴，不给蚁群造成任何负担。死在巢穴里的蚂蚁会被丢弃在原地，任凭后背着地六脚朝天，直到身体散发出腐烂的气味——主要来自油酸和油酸酯。腐烂的尸体会被搬到蚁群的垃圾站丢弃。仅是严重受伤或是处于垂死之际的蚂蚁，则会被自己的姐妹直接吃掉。

最后是道德上可疑的习性——蚂蚁是所有动物中最好战的，以同物种不同蚁群间的斗争最为激烈。多数情况下战斗的目标是斩草除根。通常，较大的蚁群最终会战胜较小的蚁群。它们斗争的猛烈程度会让滑铁卢和葛底斯堡战役都相形见绌。我曾见过到处散落着“战士”尸体的战场，事实上，它们中的绝大多数都是年老的雌蚁。成年工蚁随着年龄的增长，为了蚁群发展会从事越来越危险的工作。最初，年轻的工蚁主要负责照料蚁后及其后代，陪伴它们从卵到幼虫，再到蛹，直至羽化成为新的成年蚂蚁。随后，它们会更多参与到蚁巢的修复和其他内部事务中去。最终，年老的工蚁会倾向于在蚁巢外服务，从哨兵到觅食者，再从卫兵到战士。总而言之，人类将青壮年送上战场，而蚂蚁让老太太参加战斗。

对蚂蚁来说，服务蚁群就是一切。自然死亡将近时，老年工蚁在最后的日子里从事危险活动是对蚁群更有利的选择。其中的达尔文主义逻辑清晰可见：年老的工蚁对于蚁群贡献很小，是可有可无的。

在有组织的群居生活层面上，演化给予了全世界超过1.5万种蚂蚁丰厚的回报。蚂蚁在1~100毫克量级陆生食肉动物中占据统治地位。白蚁，有时会被误称为“白色的蚂蚁”，主要取食朽木。蚂蚁和白蚁就是那群“推动世界运行的小生物”，至少在陆生动物中是如此。例如，在巴西热带雨林，它们占昆虫总生物量的比例达到惊人的四分之三，占动物总生物量的比例超过四分之一。

蚂蚁在地球上繁荣的时间比人类要长一百多倍。分子生物学研究估计，蚂蚁起源于1.5亿年前。然后在爬行动物时代后期的1亿年间分化出了许多不同形态和结构的物种。再一次的辐射演化发生在哺乳动物时代早期。相比之下，现代智人不到100万年前才出现在非洲，这只是1.5亿年的一瞬而已。

如果在过去的几亿年间，有外星人在任意时间造访地球，他们就会发现在生机盎然的土地上，动植物都是被蚂蚁控制的。在某种程度上来说，它们也因此保持着健康和完整的状态。这些外星人说不定会成为蚁学家。他们会发现蚂蚁、白蚁和其他一些高度社会化的生物，虽然行为有些奇怪，但也正是基于此，它们成为维持地球上几乎所有陆地生态系统的关键力量。

这些外星人或许会向他们的母星汇报关于地球的情况："一切都井井有条。至少到目前来看是这样的。"

TALES FROM THE ANT WORLD

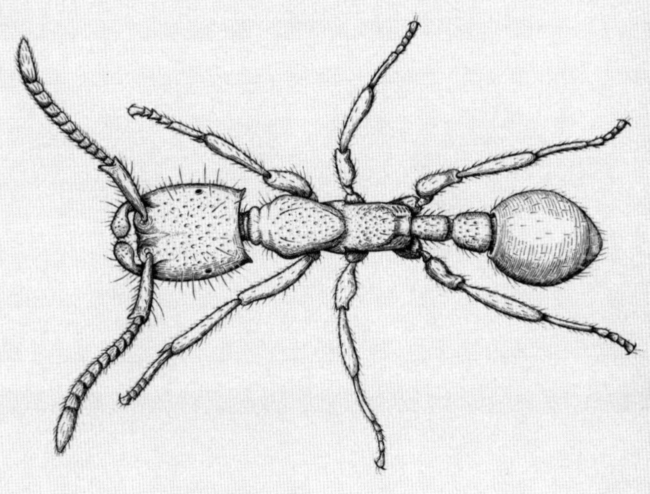

Chapter 2

第二章

The Making of a Naturalist

博物学家之路

自然凌驾在人类之上，是所有存在之物的隐喻女神（metaphorical goddess）。人类受到祝福的多少，取决于我们有多爱她和她的造物，不管是她那甜美的落日，还是她发怒时的电闪雷鸣，抑或是地球生物圈外广阔无垠的空间和生物圈内蓬勃的多样性。相比之下，人类只不过是她近期偶然造就的产物。

对自然的爱也是信仰的一种，而博物学家充当的正是神职人员。我们相信自然女神会引导我们从黑暗走向光明。她给予那些追随者在所有信仰中的最高承诺：赋予这个星球上的自然以永恒，而我们作为一个物种，也终将获得永恒。

我的一生是早年融合两种信仰的结果：最初的传统信

仰和后来的科学信仰。我认为自己是幸运的，因为在公立学校工作期间，大部分时间我都在为自己的博物学事业做准备。我总是梦想成为一名博物学家，至于其他选择一秒都不曾考虑过。结果就是我对班级活动、体育活动和社交活动的关注少之又少。

这种对常规生活的怠慢，部分是由我年幼时所处的奇怪环境造成的。我是四个长辈唯一的孩子，上学时的 11 个年级是在多个城镇中的 10 多所不同的学校里完成的，这种多样性在我成长的过程中一直困扰着我。在我八岁时，我的父亲老爱德华和母亲伊内兹离婚了，这种事情在 20 世纪 30 年代可不一般。在此期间，我在以严格闻名的墨西哥湾军事学校（Gulf Coast Military Academy）待过一学期，后来学校就关门了。之后，我得到了慈祥的贝莱·劳布女士（“劳布妈妈”）的有偿照顾，她对我非常好。劳布妈妈还是一位优秀的厨师，她做的油炸玉米粉蛋糕的味道尤其独特和可口。站在孩子的角度上来说，劳布妈妈是最好的儿童监护人，因为她允许我做几乎所有我想做的事情。但是也有例外，那就是我曾在上帝面前发誓永远不会喝酒、抽烟和赌博。最重要的是，我必须发誓全心全意地爱着耶稣。劳布妈妈向我保证说我们的救世主会时不时亲自来看我。当我对等待耶稣降临等得不耐烦时，劳布妈妈又会告诉我耶稣可能仅仅以一道光的形式出现在某个地方，比如就出现在我房间顶部的某个角落。

随着时间的推移，没能等到耶稣降临人间这件事变得不再重要。因为我已经有了新的兴趣爱好。在劳布妈妈的鼓励下，我把能在邻居家周围、空地上以及从劳布家（佛罗里达州彭萨科拉市东利街 1524 号）到我就读的小学的街道上看到的所有种类的昆虫都收集了起来。对一个像我这般大的孩子来说，这是一场激动人心的探险，一场我至今仍在以更大规模的形式进行的探险，同时它也预示了现代生态学中一项重要的数据收集工作，即全物种生物多样性编目（All Taxa Biodiversity Inventory，缩写为 ATBI）。我还做了其他很多事情，比如给劳布妈妈种在门廊和屋子各处的热带植物浇水，给我的宠物短吻鳄宝宝喂食。我还在后院挖了个洞，希望这个洞能带我去往中国。

但我并不想成为一个普普通通的男孩，也正因如此，我在母亲送给我作为圣诞礼物的一台儿童显微镜的帮助下，开始了一项对我一生影响最大的行动。我花了数个小时在显微镜下观察轮虫、草履虫和其他一些生活在水塘中的大量微生物。这次探险对我之后的人生产生了巨大的影响。在我前往世界各地寻找新的植物和动物的时候，每当我发现不熟悉的生境，都会有类似第一次的那种兴奋感，这种感觉从未改变过。

1939 年，在我十岁的时候，我离开劳布妈妈和佛罗里达，与当时还是政府雇员的父亲和我的继母珀尔一起生活在华盛顿特区费尔蒙特街的一间公寓里。

这个时候，我一生中最快乐的偶然事件之一发生了。我发现自己居住的地方距离美国国家动物园（National Zoological Park）只有五个街区。那里有来自世界各地的大型动物，而这个奇幻世界的另一边是岩溪公园（Rock Creek Park）的林地和草场。

受《国家地理》杂志中野外指南和动人照片的激励，再加上可以自由出入国家动物园和华盛顿的郊野进行探索，我成了一名狂热的蝴蝶爱好者。在课业之余，我有足够的时间建起属于自己的庞大收藏。我使用的工具主要是昆虫针和标本盒，还有珀尔给我做的一个捕虫网。（在后来几年的新探险中，我发现在任何地方快速做出捕虫网都是很简单的一件事。用锯下来的一段扫帚柄作为杆，拿衣架做一个圆环连接到杆头上，再把用纱布缝合成的袋子悬挂在圆环边缘，一个简易的捕虫网就完成了。）找到并捕捉首都及其周围几乎所有的飞行物种逐渐成了我的绝活。直至今日，所有这些物种的细节仍然鲜活地印在我的脑海中。豹纹蝶（fritillary butterfly）在前院花园随处可见，红纹丽蛱蝶（red admiral butterfly）在停放的汽车周围互相追逐、争夺领土，虎凤蝶（tiger swallowtail butterfly）从头顶忽地掠过，一只看上去是大黄带凤蝶（giant swallowtail butterfly）的蝴蝶飞进树冠躲了起来，还有无数的黄粉蝶（sulfur butterfly）、蓝灰蝶（blue butterfly）、小灰蝶（hairstreak butterfly）、菜粉蝶（cabbage white butterfly）和一种本地的白色蝴蝶。那会儿，我一直在寻找一种通常在冬天出现的黄缘蛱蝶（mourning cloak butterfly），最终都铩羽而归，连看上一眼的机会都没有。

如果现在给我一个捕蝶网和一个春夏的时间待在首都华盛顿（当然还需一封给当地警察看的介绍信），我相信我依然可以开心地重复那段探险之旅。

随着时间的推移，我探索过的对象和地方越来越多，我对自然世界的迷恋开始蔓延。那时我得到了朋友埃利斯·麦克劳德（Ellis MacLeod）的帮助，还是男孩的我们都对蚂蚁很感兴趣。二十年后，他成了伊利诺伊大学的昆虫学教授，同一时间我得到了来自哈佛大学同样的职位。我们的灵感启发来自《国家地理》上一篇名为《蚂蚁：野蛮与文明》（Ants: Savage and Civilized）的文章，作者是威廉·曼（William Mann），他是国家动物园的园长。而那会儿我正好经常游走于国家动物园，参观大型动物和捕捉蝴蝶。而这种巧合并没有就此结束，曼早年读博士时的导师是哈佛大学的威廉·莫顿·惠勒（William Morton Wheeler）教授，是在我之前一任的哈佛比较动物学博物馆昆虫馆馆长，也是该博物馆蚂蚁馆藏的创建者（得到了曼的帮助）。

曼在《蚂蚁：野蛮与文明》中列出的物种主要来自热带国家。我和埃利斯这两个年仅十岁的孩子迅速明白，文中提及的蚂蚁中唯一有希望在华盛顿找到的是“劳动节蚂蚁”（Labor Day ant，学名 *Lasius neoniger*）。它们的小型火山口状的巢几乎遍布美国东部的所有庭院、花园和高尔夫球场。之所以叫“劳动节蚂蚁”，是因为成群的雄蚁和未交配蚁后常常会出现在劳动节前后一周的一场大雨之后。

后来，这种刚萌生的兴趣戛然而止。在华盛顿居住两年之后，我们一家三口搬回了亚拉巴马州的莫比尔市。这里是我的故乡，因为自 19 世纪 20 年代开始，我父亲的几乎所有祖辈都居住在这里。我的祖母玛丽·威尔逊已经去世了，她把祖父建造的大房子留给了父亲和他的兄弟赫伯特。

幸运再次降临，异常丰富的自然环境近在咫尺，在莫比尔湾码头区我发现了杂草丛生的空地以及残留的沼泽和林地。骑着一辆新的施文牌低压轮胎自行车，我可以轻松到达有丰富野生和半野生混合生境的地方，最远骑行到狗河（Dog River）和禽河（Fowl River）的渡口，从那里进入通往锡达波因特（Cedar Point）的主路，马路终点有一条通往专门运货到多芬岛（Dauphin Island）码头的土路。在这期间，我对蝴蝶和蚂蚁的了解越来越深，我的兴趣也延伸到了许多其他昆虫类群上。同时，我还有了最新的爱好，就是沿着墨西哥湾海岸能看到的种类丰富的蛇和其他爬行动物。

我一直倾向于成为一名博物学家，又一次搬家使我的这一意愿更加强烈和坚定。这一次我搬到了靠近佛罗里达州狭长地带的边界，位于彭萨科拉北面的亚拉巴马小镇布鲁顿。布鲁顿的居民和住所都充满让人愉悦的乡村风，人口稳定在 5 900 人左右，小镇周围"湿地"（被淡水溪流分块的洪泛区森林）众多，它是墨西哥湾中部海岸地区的一部分，现今被认为是北美地区陆生动物物种多样性最丰富的地区。那里栖居着 32 种蛇、14 种龟（只有湄公河三角洲和亚马孙部分流域拥有与之匹敌的动物群），还有大量淡水鱼虾和软体动物，外加无处不在的蚂蚁、蝴蝶和其他昆虫。

数十年后，我以布鲁顿作为想象中的南方小镇克莱维尔（Clayville）的原型，写下了《蚁丘之歌》（*Anthill*）这本小说。[令我惊喜的是，这本小说获得了 2010 年"中部奖"（Heartland Prize）的最佳美国生活小说奖。] 我对布鲁顿的赞美之词也得到了回馈，小镇以我的名字命名了一座自然公园。这个自然保护区的面积很大，在布鲁顿有限的范围内朝一个方向延伸到烤玉米溪 [Burnt Corn Creek，1812 年战争时期，红棍溪（Red Stick Creek）的士兵曾经在这里击溃过亚拉巴马民兵组织的一个分遣队］，另一个方向延伸到谋杀溪（Murder Creek，一伙强盗在去彭萨科拉买子弹的路上途经此地，他们抢劫并杀害了一群早期布鲁顿居民）。

我是周边地区第一个获得飞鹰奖章的童子军，因此在当时十几岁的同龄人中得到了些许信任。这些信任也可能是因为我作为橄榄球队的替补防守端锋一直坐在板凳上。（我只上过一次场，而且是在一场获胜的决赛的最后一分钟，至今我依然自豪地记得那句话："威尔逊，左端交给你了。"）还可能是因为我曾经徒手抓到一些有毒的棉口蛇，并把它们展示给那些饶有兴致的同辈。（威尔逊捕蛇法仅适用于有经验的成年人，具体步骤如下：首先让蛇开始远离你，紧接着用锯下来的扫帚柄以最安全的方式一把压住靠近蛇头部的位置，向前滚动棍柄，把整个头牢牢压住，然后用另一只空着的手掐住头后方拎起蛇，把它扔进准备好的打开的袋子里。）我周围同龄人的绰号大多是A.C.、"薯条"、"嗡嗡"和"迟钝"之类的，而"蛇"是一个专属于我的绰号。后来，一名职业橄榄球跑卫*因为可在对手防线上自由穿梭的技术而获得了同样的绰号。

---

* 跑卫，四分卫后边或旁边专职持球跑动进攻的球员。——译者注

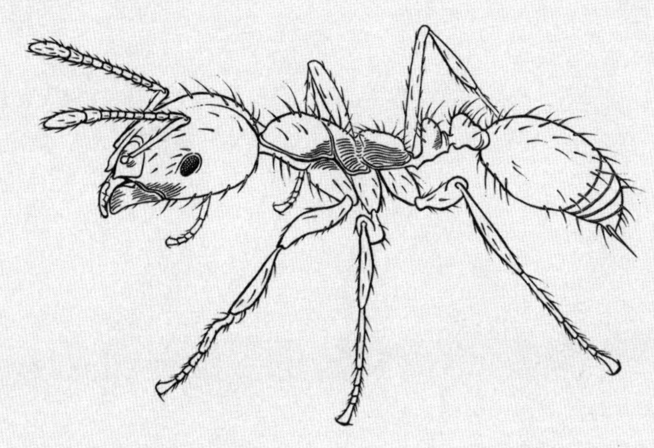

Chapter 3

第三章

The Right Species

合适的物种

1945 年夏天，我刚满 16 岁，父亲就把我们的小家从亚拉巴马州的沿海城市莫比尔搬到了向北 337 英里 * 的迪凯特。在迪凯特，田纳西河穿过亚拉巴马州中北部各县。在这个小小的港口城市里和周围地区，一个新的自然世界向我敞开。这对我的生活和科学事业产生了极为深远的影响。

老爱德华是一名职业旅行家，是美国农村电气化局的财务审计员，该局为美国南部农村地区的小镇和农场提供电力。为了离工作地近一些，他每隔几年就会搬一次家。

我们的漂泊生活产生的结果就是，我的公共教育期是

---

* 1 英里 ≈1.6 千米。——编者注

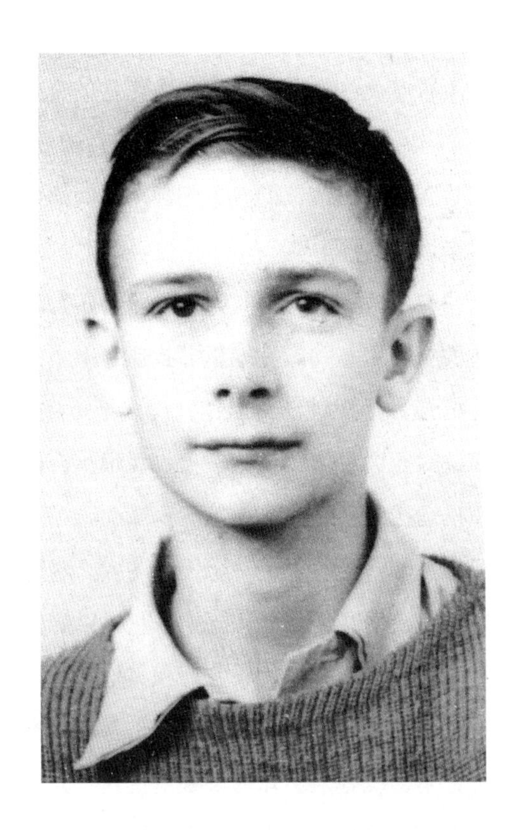

◆ 14 岁的爱德华 · 威尔逊，在蚂蚁成为他忠爱的研究对象之前，他还研究蝴蝶、长足虻和蛇类

在三个州以及哥伦比亚特区的16个小镇和城市中的15所学校里度过的。

对一个青少年来说，这种复杂的时间表简直令人窒息。当我发现很难交到新朋友，无法像正常的青少年那样结成友谊，加入小团体和运动队时，我把目标转向了自然栖息地，以找到一个可信赖的熟悉的环境。我通过更多地亲近大自然来适应这种生活。

因此，我整个夏天大部分时间都是骑着自行车，在迪凯特及周边的小灌木丛和旧林地里寻找遗存下来的野生环境。最荒芜的地方是田纳西河对岸，许多地方在“二战”期间被遗弃，时至今日依然荒芜一片。我很少会遇见其他人，而且还只是在很远处看到。

在迪凯特一侧，我发现了一个天然洞穴。尽管我有轻度的幽闭恐惧症，但我还是深入探索了它，以寻找被科学认定的地下专家：盲眼的白色小龙虾和其他穴居动物。幸运的是，我从未在洞穴中迷过路。要不是有人注意到我放在洞口的自行车，没有人会知道去哪里找我。但我从未迷过路，至少不会迷路好几个小时，我也从未在探索其他野生环境时迷路。

在我搬到迪凯特75年后的今天写下这些文字时，我很庆幸自己在上高中时几乎没有兴趣去交朋友或者以任何方式博取欢迎，抑或在社交生活中赢得认可。我最大的、近乎唯一的抱负就是成为博物学某方面的专家，并学习能帮助我实现这种愿望的科学知识。我当时正在准备上大学，在我位于迪凯特的房间里，不仅摆满了标准的高中参考资料和教科书，还摆满了北美动植物的野外考察指南。

事实上，世界各地的自然环境中存在着数百万个物种，直到21世纪的今天仍然如此。我明白，对任何一个物种的研究都可以成为科学事业发展的起点。我十几岁时所面临的挑战，正如大多数我的同行年轻时所面临的一样，并不是找到研究某个特定物种或种群的最佳方法，而是选择合适的物种。我知道，如果我做出明智的选择，我的科学家生涯在我大一时就可以早早开始了。

开始一项事业需要勇气和抱负。上大学的想法让我心生胆怯，主要是因为我将成为父母两边家族历史上第一个上大学的人。此外，父亲因为在第一次世界大战中服役，身体状况一直不好，所以家中并没有多少钱。父亲是在军队里学会会计这一行的。考虑到他的受教育程度不超过七年级，我很钦佩他为获得事业上的成功而付出的艰辛努力。父亲作为榜样给予了我额外的力量，让我下定决心，无论付出多少代价都要努力成为一名专业的科学家和博物学家。我认为我需要去上大学，尽管在之后的几年里，我开始相信去一所好的文理学院可能也不错。

我对范德比尔特大学（Vanderbilt University）的奖学

金项目特别感兴趣，因为它很可能有助于实现我的抱负。我在迪凯特读高中的最后一年时，这个项目曾在学校做过推广，我甚至参加了学校安排的考试。我很努力，但没有获得奖学金，甚至没能被录取。多年以后，当我在范德比尔特新科学中心的开幕式上发表就职演说时，我提及了我的那次失败，完全没有恶意。

像千百万美国年轻人一样，我开始意识到，我上大学的唯一资助来自父母能提供的微薄费用，加上我自己挣到存下来的钱。所以，在我高中的最后一年，我做了我能找到的任何工作，并把挣到的钱都存了起来。为了尽可能多地赚钱，我从一份工作换到另一份工作，从送报员到挨家挨户推销杂志的推销员，从廉价品商店的冷饮柜售货员，到百货公司的仓库管理员，最后还在当地钢铁厂做过办公室勤杂员。我渴望成功，并且做得也不错。1946 年夏末，当我准备离开钢铁厂时，我所在部门的经理对我说："爱德华，你不需要上大学。你有高中文凭，留在厂里你会大有前途的。"

我并不想知道在工厂里我能走多远。最后是亚拉巴马州立法机构救了我。至少，议员采取的行动让我意外地进入了亚拉巴马大学。他们显然预见到，随着第二次世界大战的结束和保证为服役人员提供大学教育的《退伍军人权利法案》的通过，大学校园里将挤进一大批退伍军人。他

◆ 1946 年 9 月，17 岁的爱德华 · 威尔逊抵达亚拉巴马大学

们通过了一项法律，规定亚拉巴马大学需录取居住在亚拉巴马州的所有高中毕业生。我不是退伍军人，但我通过了另外两项基本要求，一申请就被该州首屈一指的大学录取了。我至今都是亚拉巴马大学最忠实的校友之一，尽自己的一切可能去回馈母校，我想任何人都不会对此感到诧异。

现在，我面临一个重大选择。未来在亚拉巴马大学的日子里，我应该研究什么昆虫呢？我想要成为世界权威，从而开启我作为自然科学家的职业生涯，那么，我应该研究一群相关的物种还是仅仅研究单个物种呢？我实地考察了迪凯特周围的动物群和植物群。我在附近的田纳西河里钓鱼，记住了从鲈鱼到鳄雀鳝等当地每一种鱼的名字。我在当地的林地里捕蛇，在附近的洞穴里寻找盲眼的白色甲虫和烙铁状上颚的食肉蟋蟀。我还自学了大学水平的普通昆虫学知识。

早期的候选对象是一组形成小型生态系统的奇异物种，它们的起源可能要追溯到史前数亿年。海绵动物分布在世界各地，以浅海作为主要栖息地，但在淡水溪流和湖泊中也随处可见。在农场边缘的一条未开发的小溪里，我发现在河底厚厚的河床上生长着海绵群。它们形成了一个独特的生态系统，有证据表明它们受到了类似毛虫的昆虫幼虫的破坏，这种幼虫通常被称为海绵蝇，同样拥有久远的历史。海绵和它们的寄生蝇太神奇了！但我不决定选择海绵和海绵蝇作为我在大学及以后研究的首选类群。它们很罕见，而且显然也很难找。

长足虻则截然不同，这些如同其拉丁语学名释义的“长腿动物”很难被忽视，它们在花园里随处可见。长足虻在树叶表面呈之字形移动，微小的身体在阳光的折射下变成了泛金属光泽的金绿色微粒。它们像舞者一样高高跳起，肉眼很难看清它们纤细的长足。长足虻科（Dolichopodidae）的昆虫并不是你通常看到的苍蝇。在大众眼里，苍蝇是恶心的家伙，喜欢寻找垃圾和尸体。然而与之不同，长足虻是无比干净的捕食者，猎取和它们一样大或比它们小一点的昆虫。

我通过阅读了解到，全世界在科学上已知的长足虻种类超过 5 000 种，还有更多的物种有待发现和描述。它们的生物特征基本上还未被研究。这似乎是一个值得终身研究的课题，正等待专家们去理解并使其广为人知。我可以想象自己未来的日子：爱德华·威尔逊，长足虻专家，史密森尼博物馆的双翅目昆虫学家，带着捕虫网和瓶子，正准备前往亚马孙、巴塔哥尼亚、刚果……

但是后来，我发现了更令人兴奋的东西。或者说如有天助，是它们发现了我。正是蚂蚁。接下来我将对此进行解释。

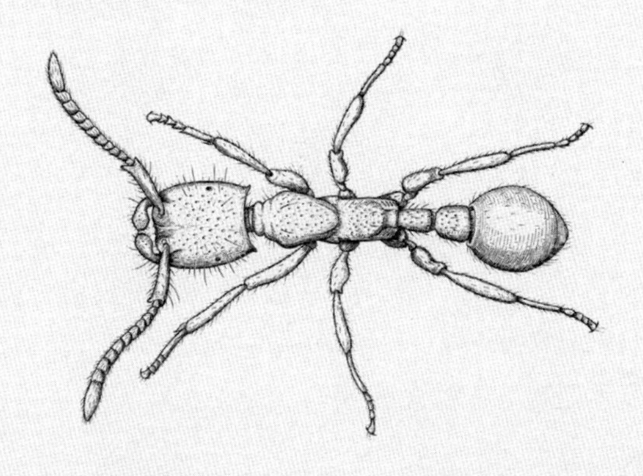

Chapter 4

第四章

Army Ants

行军蚁

蚁群从一个隐蔽的宿营地涌入我们的后院，如同十几个罗马军团大小的部落排成三四只一排并行的方阵。它们是行军蚁中的工蚁和兵蚁，多达数十万只，陪同它们顶针般大小的蚁后，从一个旧据点艰难而快速地移动到一个新据点。每只蚂蚁的前后左右都被它们的姐妹包围着，它们跟随着前方侦察兵蚁留下的化学物质踪迹快速行进。整个蚁群就像展开的卷绳一样从宿营地延伸到了我们的后院。

我沿着行进队列走到了尽头，发现了另一个惊喜：后面的卫兵不是蚂蚁而是小甲虫和蠹虫。随着时间的推移，我发现这些随军团体具有各种行军蚁蚁群的特征，是社会性寄生物。为了躲避宿主的颚和刺针，它们会去搜刮它们能找到的任何一点食物。

我后来了解到，这种行进的蚁群是一种常被称为“小型行军蚁”的蚂蚁，属于内瓦蚁属（*Neivamyrmex*）。迪凯特是靠近这种行军蚁地理分布的北界。

我在亚拉巴马大学读大一的时候又见到了这个物种，当时我在飓风溪（Hurricane Creek）附近树林的腐烂松木上发现了行军蚁蚁群。趁它们休息的时候，我把整个蚁群一网打尽，然后把它们拿回实验室进行深入研究。我被严令禁止让它们在生物系的约西亚·诺特大厅里“游行”，但我可以在它们静止的状态下研究它们。在这个过程中，我有了一个惊人的发现。我并没有发现在迪凯特的蚂蚁队伍中看到的蠹虫，而是发现了许多微小的甲虫，它们是地球上最小的甲虫中的一种。后来我才知道，它们是泥沼甲属（*Paralimulodes*）的成员，这是它们在南美洲以外第一次被发现。小甲虫们用僵硬的短腿跳过蚂蚁的身体，从一只跳到另一只上，像跳蚤一样。那它们吃什么呢？可不是你想的那样。它们从比自身体形大得多的宿主身上舔食其表面的油性液体，而宿主蚂蚁们也似乎并不介意它们的侍弄，没有试图抓住或赶走它们。

多年以后，我去路易斯安那州实地考察，当我睡在森林地面的充气床垫上时，我以完全不同的方式邂逅了行军蚁。有时我半夜醒来，会发现蚂蚁在我的床垫上和我的身上爬来爬去。它们也是内瓦蚁属的蚂蚁，或者一个相近的

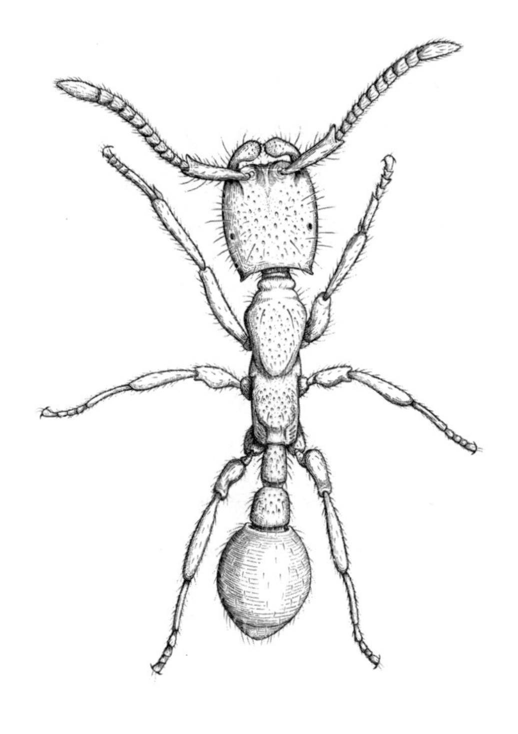

◆ 一只内瓦蚁属行军蚁的工蚁，发现于美国田纳西河最北处（克里斯滕·奥尔绘制）

物种，很可能正在向一个新的宿营地行进。对它们来说，我的身体只是另一个障碍，就像亚拉巴马州我家后院的栅栏一样。

行军蚁的军团行为对人类来说是奇怪的现象，这可以理解，但对蚂蚁千百万年的演化过程来说，这是卓越的成功。除欧洲和南极洲外，各大洲都有其特有的行军蚁族的属（包含相关物种）或多个属。内瓦蚁是从北美向南直到热带地区的典型例子。凶猛的游蚁是卡尔·斯蒂芬森 1938 年的著名短篇小说《人蚁大战》的灵感来源，也是 1954 年电影《蚂蚁雄兵》的题材。电影主角查尔顿·赫斯顿和勇敢地站在他身边的埃莉诺·帕克，在一群遍及一英里范围的游蚁的叮咬刺蜇中保护了他的可可种植园。非洲的行军蚁属（*Dorylus*）及其亚属矛蚁（*Anomma*）是最常见的两类行军蚁，它们在现实生活中可匹敌甚至能超过最凶猛的游蚁。

游蚁在大多数情况下只出现在错综复杂的下层植被中，频繁地从一个地点移动到另一个地点，随时准备攻击任何入侵者，并与之战斗到底。多数游蚁类群会形成兵蚁等级，其兵蚁武装着弯刀形的长上颚，这使得对其蚁群的研究变得更加困难。然而，有一位心理学家转行的昆虫学家西奥多·C. 施奈尔拉（Theodore C. Schneirla）在这方面取得了极高的成就。他从 1933 年到 1965 年主要在野外研究游蚁。他的结论在20世纪60年代得到了和他同样才华横溢的助手卡尔·W. 雷滕梅尔（Carl W. Rettenmeyer）的证实和拓展。我在1971年出版的综合性著作《昆虫的社会》中对他们及其他学者关于这一群体的研究进行了总结。

作为一名年轻的科学家，我与西奥多·施奈尔拉颇有私交，并且密切关注他的研究。我发现他是一个冷静、专注的人，对工作极其认真。他有两个重要的目标，这两个相互关联的目标指引着他。首先是彻底了解这些受本能驱使、组织复杂的社会性昆虫。其次，作为一名心理学家，他想验证它们的行为方式是由个体学习指导的。施奈尔拉认为，如果一个小脑袋昆虫的明确的本能行为是学习的产物，那么所有其他形式的行为也是如此。从20世纪20年代到60年代，强调经验和学习的重要性在政治上大受欢迎，因为它与优生学相矛盾，并为那些主张个人主义民主的人带来了希望。然而，我不认为施奈尔拉和雷滕梅尔对行军蚁生物特征的惊人描述受到了意识形态的影响。他们只是对自己所见到的行军蚁进行了描述。

这两位昆虫学家最杰出的工作中，有一部分是关于布氏游蚁（*Eciton burchelli*）这个特定物种的研究。它们有一种不同于一般行军蚁的狩猎模式，叫作群体袭击。工蚁在离开拥挤的蚁群时，会扩散开成扇形，并逐渐组成一条宽广的前进阵线。在撤退时，它们会收缩扇形阵，返回到宿营地。布氏游蚁蚁群是一种极其强大的军队。在蚁群中占大多数的工蚁从宿营地涌出来时，其数量在 15 万至 70 万只之间。它们形成的扇形阵以每小时 20 米的速度向前移动。当它们遇到小溪或很深的裂缝时，前进的工蚁会把足和颚连接起来，形成活的蚁桥。

前进中的行军蚁蚁群是非常可怕的，只是规模小于前面提及的《人蚁大战》中所描述的那样。施奈尔拉写道："布氏游蚁的大规模突袭几乎给所有挡在其行进道路上而没有逃脱的动物带来灾难。"他继续说：

> 它们的食谱里通常有狼蛛、蝎子、甲虫、蟑螂、蚱蜢，其他蚂蚁的成虫和幼虫，以及许多森林昆虫。很少有动物能躲避开它们的猎捕网。我曾见过蛇、蜥蜴和雏鸟在不同的场合被它们杀死。毫无疑问，一个较大的脊椎动物在由于受伤或其他原因无法跑开时，会被行军蚁的蜇刺蜇死或窒息而死。

布氏游蚁蚁群袭击可以看作是一把生态镰刀在雨林地面上来回挥舞。在面积约 16 平方千米的巴拿马巴罗科罗拉多岛上（Barro Colorado Island），昆虫学家发现，不管在什么时候都会有大约 50 个活跃的蚁群，每个蚁群半天都可移动长达200米。从远处就能听到它们的声音，首先是它们的脚步和逃离的猎物发出的沙沙声和嗞嗞声；然后是其上方成群的寄生蝇发出的嗡嗡声；最后能听到多达十种蚁鸟的叫声，夹杂着奔逃的猎物的声音。昆虫、蜘蛛和其他无脊椎动物的数量和多样性在蚁群的行进路径上急剧下降，但对于巴罗科罗拉多岛来说，它的扰动还太小，不足以对全岛产生影响。行军蚁蚁群不像真空吸尘器，而是相当于50个大型食肉动物，例如美洲虎或美洲豹，它们不以鹿和野猪为食，而是以种类繁多的小型生物为食。

生态系统的一个标志是初级食物生产者的存在。这一类生物中，有蚂蚁本身，以及依赖它们的各种各样的其他生物。我在第一次接触行军蚁（我在亚拉巴马州发现的内瓦蚁属的小型蚁）时，发现了少量这样的食客，一只蠹虫和一些不知名的甲虫。而在美国热带地区的行军蚁蚁群中，卡尔·雷滕梅尔和后来的研究人员发现了数百种这样的食客，包括卵形蛛、圆钩螨、基马螨、厉螨、平盘螨、盾螨、巨螯螨、新寄螨、蒲螨、土衣鱼、步甲、泥沼甲、隐翅甲、阎甲、蚤蝇、眼蝇、寄蝇和锤角细蜂。

雷滕梅尔的列表肯定是不完整的。然而，即使是目前已知的寄生者和捕食者繁多的种类，也远不如它们在千百万年来演化出的与宿主行军蚁紧密生活在一起的技术那样令人印象深刻。泥沼甲和土衣鱼在蚂蚁的身体上爬行，以蚂蚁的身体分泌物为食，并偷走蚂蚁带回宿营地的食物。圆钩螨（circocyllibanid mite）寄生在兵蚁长上颚的内弧面上。触角螨属（*Antennequesoma*）的其他螨，形状像衣夹，永久紧扣在工蚁触角的底部。阎甲的成虫像赛马的骑师一样骑在工蚁背上，它们的长足紧紧地搂住工蚁身躯的中部。最令人惊讶的要属一种巨螯螨，它附着在工蚁后足的端部，从中吸取血液，但作为蚂蚁的一只额外的“脚”，也不妨碍其宿主的正常奔跑。

行军蚁和与它们共生的客体的奇异世界会使我们想起从致病细菌到人类罪犯体现的寄生生物学法则，即最成功的寄生者是对宿主造成的伤害最小的寄生者。

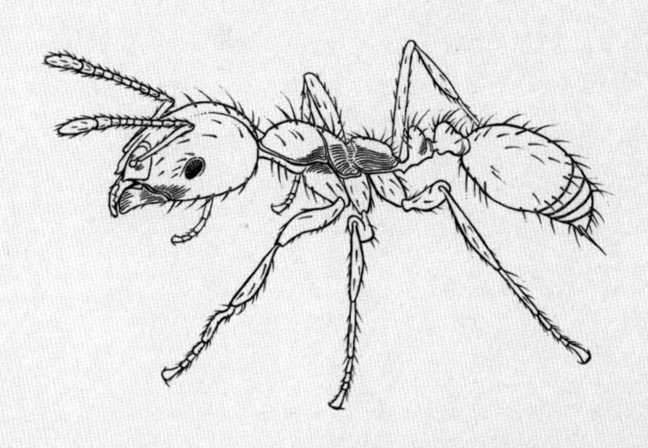

Chapter 5

第五章

Fire Ants

火蚁

一天，当我身处多芬岛（亚拉巴马州墨西哥湾的主要沙坝岛）中心，坐在一把野外的椅子上时，我突然产生了一种不顾后果的冲动。我脚边有一个隆起的入侵火蚁巢。当时我正在对着电视特别节目《蚂蚁领主》（*Lord of the Ants*）的镜头介绍这些蚂蚁。曾经有过无数次的疑问再一次浮现在我脑海中：这些昆虫究竟为什么被称为“火”蚁？在户外和这些臭名昭著的害虫在一起待太久，大多数人都会被蜇，我这次也不例外。不过，这些攻击者通常很快就会被掸去，只给受害者造成局部且暂时的疼痛。

但我知道这些蚂蚁可以杀了你。所以，最重要的原则是：不要坐在火蚁巢边，也不要站在上面或是陷入火蚁巢里。如果你对这种毒液过敏，你可能会过敏性休克。如果

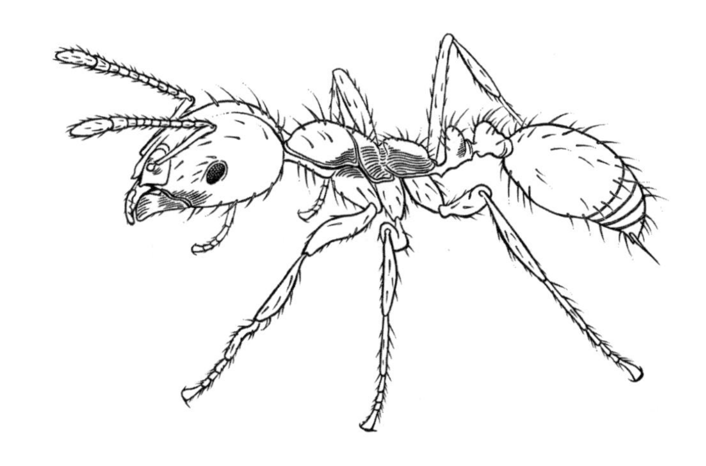

◆ 红火蚁工蚁。红火蚁原产于南美洲温带湿地，意外被引入亚拉巴马州莫比尔，并传播到世界各地，成为世界其他地区的主要害虫（克里斯滕·奥尔绘制）

你身边有个小孩给绊倒在蚁巢上，引发了大规模的攻击，那么结果也可能危及生命。

于是我有了这样的冲动：既然当着镜头，拍摄的内容可能会永久保存下来，为什么不体验一次被火蚁大肆攻击的感觉呢？当然，我会迅速结束它。这样我就能确切地描述为什么红火蚁（*Solenopsis invicta*）俗称火蚁（fire ant）了。没有思考多长时间，我就把我的左手（用左手是因为我是右撇子）手腕以下部分插入了火蚁巢的中心，并在原位保持了约五秒钟，然后抽出来并掸掉大量已经在叮咬我的蚂蚁。

即使是这么短的时间，我的手上也布满了密密麻麻的蚂蚁，它们正在蜇刺我的皮肤。还有一小部分疯狂地沿着我的前臂向上爬，想爬到我身体的其他部位。蚁群没有预先得到警告，但它们几乎瞬间就做出了凶猛的反应。在这样一次对它们来说生死攸关的事件中，火蚁比它们的敌人行动更快。

疼痛立即袭来，并且难以忍受。正如我在现场向我的同伴们描述的那样，就好像我把煤油倒在手上并点燃了它。几秒之内，就有 54 只负责防卫蚁巢的火蚁叮咬了我的手和腕部。我可以肯定是这个数字，因为每一处被火蚁叮咬的地方都会长出脓疱，如果抓破脓疱，就可能会感染。蚂蚁们似乎在说，给你留个小小的提醒：不要扰乱我们的家！

同一天发生了另一件值得注意的事。我带摄制组来到

◆ 一只入侵火蚁蚁后被其工蚁女儿们包围着，这些工蚁的数量可能多达数十万只。工蚁们被其强大的信息素所吸引（沃尔特·R. 钦克尔摄）

多芬岛时向他们承诺，这个岛不仅因为是鸟类从尤卡坦半岛穿越加勒比海向北迁徙的目的地而出名，还因密布火蚁丘而闻名。我相信会有很多适合作为背景的地方，用来观察和谈论这类可怕昆虫的习性和社会行为。

摄像机准备好了，但是，我们一开始什么都没拍到。我和工作人员从岛的一端到另一端，在自然栖息地、居民的院子和商业建筑中搜寻，一个蚁丘都没有找到。最后，我们在鸟类保护区内发现了两个巢穴，其中一个被我用来演示火蚁的叮咬防御。然而，其他那么多蚁群怎么会一夜之间就消失得干干净净？就仿佛一只巨手把所有的蚁群都一扫而光。事实上也差不多就是这样的。

我知道原因。当火蚁巢穴周围水位上升，或水进入巢穴最下层的巢室时，整个蚁群就会联合起来。工蚁在入口处集合成一团。蚁后爬入或被推拉入蚁群中。无助的年轻成蚁、卵、幼虫和蛹被带进去和蚁后一起。当水位上升到地面时，聚集的蚁群就变成了一个筏子，准备顺流而下。于是，蚁筏开始了一段前往高地的旅程，去寻找一个可以让工蚁建造新的圆顶蚁巢的地方。

这个过程是基于它们的原始本能。当蚁筏碰到并停在任何高于水位的静止物体上时，侦察蚁都会跑上去调查。无论是树枝、被折断的原木，还是干燥的陆地（最有希望存活的地方），如果有希望成为登陆地，就会有更多的侦察蚁上去。当各种迹象都证明可行，上岸的工蚁数量就会越来越多，它们会把蚁后和幼蚁转移过去，然后围绕整个蚁群筑起一个全新的巢穴。

我曾经在乘坐火车去往伯明翰时横渡正处在泛滥期的库萨河。由于水已经漫过了铁轨的边缘，火车开得很慢，并在某一时刻停了下来，这让我可以向四面八方看很长时间。宽阔的洪泛区上到处都是火蚁筏，它们慢慢地向火车周围漂来，然后向下游漂去。它们是一支庞大的寻找新家的难民部队。

那么，多芬岛的火蚁出了什么事呢？那些蚁群都到哪里去了？原来，在我和电影摄制组到达的前一天，岛上下了大暴雨，降雨量超过了 250 毫米。如此量级的暴雨在美国的这部分地区并不罕见。亚拉巴马州的莫比尔市和附近的佛罗里达州巴拿马城，还曾与北卡罗来纳州的海兰兹（Highlands）有过北美城市降雨量最高地区之争。当我们到达多芬岛时，已经是阳光明媚，但仍有大部分土地被一两英寸深的雨水所覆盖。过剩的雨水开始渗入地下。在风暴最猛烈的早些时候，雨水很大一部分向北排入莫比尔湾，然后那里的淡盐水再向东流入墨西哥湾。我相信多芬岛的火蚁就是这么消失的，它们通过自己身体组成的火蚁筏迁移了。用伟大的黑帮电影《教父》里的一句著名台词来说，“我相信它们与鱼同眠”。

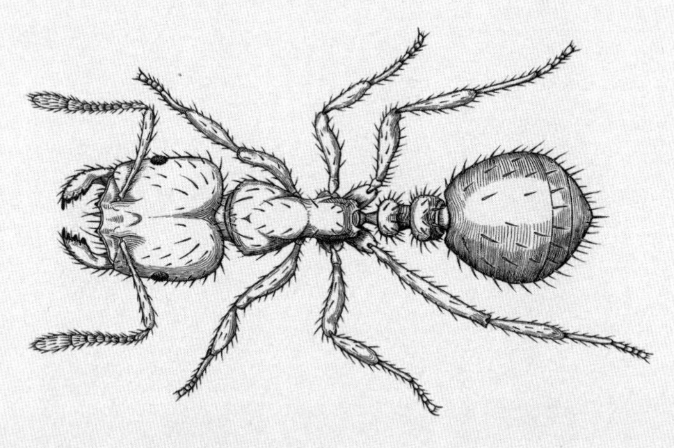

Chapter 6

第六章

How Fire Ants Made Environmental History

火蚁是如何塑造环境史的

1942年夏天，亚拉巴马州莫比尔市查尔斯顿街我家的百年老宅旁边的空地上栖息着四种蚂蚁。正好四种。我如此确定，是因为我检查了每一寸肮脏的废弃空间、地面、杂草和垃圾堆。我拿着扫网，手膝并用，一点一点爬着检查我睡觉的卧室和吃饭的厨房。直到今天，我仍然清楚地记得空地上每一个蚁群的位置。我还对蚁群的大小和行为略有了解。如今，我可以向你介绍它们的学名。

1942年，我还是一个13岁雄心勃勃的童子军，想象自己有朝一日带领成人探险队去遥远的丛林探险，并为此做准备。我在空地上想出了一个方案，这个方案在今天被称为ATBI，即全物种生物多样性编目。在指定的空间和时间范围内，鉴定出选定生物类群内的所有物种，这看似

◆ 1942 年夏天，13 岁的爱德华 · 威尔逊在亚拉巴马州莫比尔老威尔逊家附近的空地上拿着扫网。旁边有一窝入侵火蚁，这是入侵火蚁在美国的首次记录

简单，实际上往往很困难。

这个夏天，在炎热潮湿的莫比尔，我将蚂蚁定为我接下来要研究的动物群。我在空地上找到的那些蚂蚁证明是天意，是我当时做梦也想不到的。

我现在知道了，我找到的第一个物种是名为浅棕大齿猛蚁（*Odontomachus brunneus*）的大齿猛蚁蚁群。这个蚁群是我在一棵无花果树下的泥土和废弃屋顶瓦片的杂物中发现的。它们大而黑，有着长长的上颚和蜇人很痛的刺针。随后，在一个威士忌空瓶下面，我又发现了一个蚁群，它们在那里住了将近一年，我小心翼翼地举起瓶子就能看到它们。它们是黄色的佛罗里达大头蚁（*Pheidole floridana*）。接下来在我们前院围栏的一个腐烂处，我发现了第三种蚂蚁，一种在南方随处可见的叫作阿根廷蚁（*Linepithema humile*）的害虫。在温暖的天气里，这个物种会排着长队在空地上觅食。

毫不夸张地说，接下来我找到的这个物种是我这辈子（至少是我少年时代）最重要的发现。我在一块挖开的土地中发现一座约 30 厘米高的蚁丘，里面满是我在其他地方从未见过的蚂蚁。结果发现它们是入侵红火蚁（*Solenopsis invicta*），这也是其在北半球的首例记录。对于整个美国历史来说，它都是一个宿命般的物种。后来分类学家把这个物种命名为 *invicta*，意思是“不可战胜的”。这个名字

阿根廷蚁

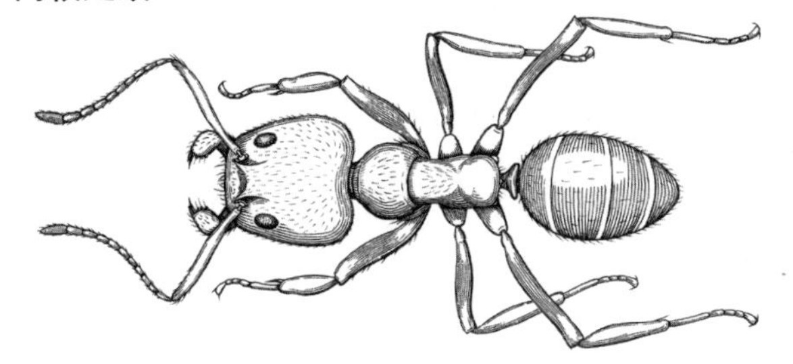

浅棕大齿猛蚁

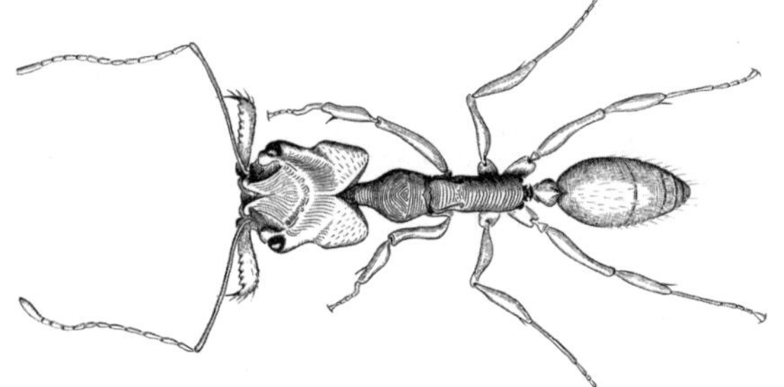

红火蚁

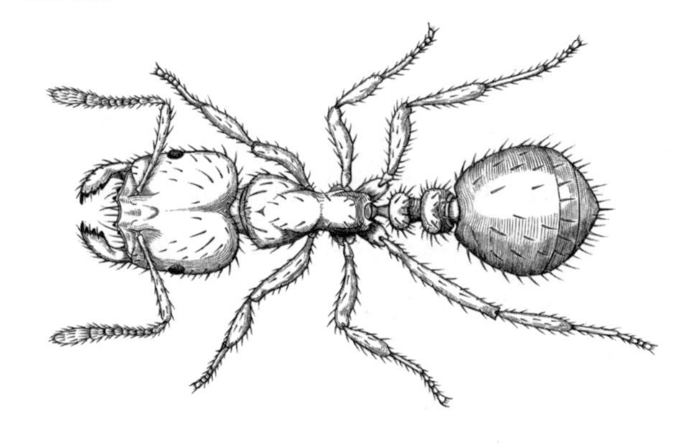

◆ 1942 年，亚拉巴马州莫比尔市威尔逊家旁边杂草丛生的空地上的四种蚂蚁中的三种。其中一个未展示的物种是佛罗里达大头蚁，该蚁群生活在一个废弃的威士忌酒瓶下（克里斯滕·奥尔绘制）

对于这一有史以来最成功的入侵生物之一来说再合适不过了。“入侵”这个词也很恰当。根据美国农业部和内政部的法令，它不仅意味着“异国的”、“引进的”、“非本地的”或“外来的”，而且还会以某种方式危害环境或人类，甚至对两者都有害。

我们的房子（由我的曾祖父建造，他是一个早期家具商人）是寻找新入侵物种的绝佳场所。它距离莫比尔商业码头不到五个街区。大部分货物来自阿根廷和乌拉圭，入侵火蚁的一部分故乡。我的父亲，青少年时作为一名水手，曾往返于莫比尔和蒙得维的亚之间。

然而，在我家空地上发现的这个巢不可能是第一个上岸的火蚁群。1942 年夏天，如果我在查尔斯顿街空地以外的区域进行搜索，我很可能会在码头区或莫比尔的其他地方发现其他蚁群。如今，大多数专家都一致认为，入侵火蚁很可能是在 20 世纪 30 年代的某个时期传入的，但不会更早，因为已经建立的蚁群规模扩大非常迅速，它们会在一两年内开始繁殖和扩散新的蚁后，之后建立新的蚁群。

在 20 世纪 40 年代剩下的时间里，昆虫学家们已经意识到这个物种的存在，并眼看着它的种群数量爆增。它在莫比尔到处都是，并占据了莫比尔市以外的所有土地。

很快，首先出现在莫比尔的问题变成了一个全国性问题，然后成了国际性问题。这种入侵火蚁传播到了南北卡罗来纳州，接着是得克萨斯州和加利福尼亚州。它在夏威夷登陆，并在澳大利亚、新西兰和中国建立了滩头阵地。它还向南蔓延到小安的列斯群岛的几个岛屿，就像是得胜而归似的，一个岛屿接一个岛屿。在亚拉巴马州，它布满了草坪、路边空地和农田，每英亩*多达50个蚁巢，每个蚁巢都聚集了多达20万只工蚁，几乎所有的蚁巢都准备好了攻击入侵者。在周边县的农场里，红火蚁吃光了萝卜、紫花苜蓿和其他经济作物的幼苗，还导致用于饲养牲口的牧场难以维系。它们设法爬进了农村的房子，逮着谁蜇谁。

人们很快发现，在一些自然栖息地，特别是在开放的松林地，入侵火蚁会攻击小型哺乳动物和地面筑巢的鸟类。

后来，作为一个就读于亚拉巴马大学的19岁大四学生，我已经成了当地有名的蚂蚁专家。亚拉巴马自然保护部（Alabama Department of Conservation）邀请我研究迅速增长的红火蚁蚁群，绘制它们的传播图，并分析它们所造成的危害。

由于这些30厘米高的蚁丘特别显眼，而且对人们的影响极为显著而普遍，再加上我同学詹姆斯·H. 伊兹（James H. Eads）刚好有一辆车可以协助我，调查工作进行得很快。

---

* 1英亩≈4 047平方米。——编者注

在付出无数叮咬和脓疱的代价下，我们确认了入侵者的破坏性。我们还获得了大量关于火蚁生命周期的新信息。我们的一个重要发现是，一只刚刚受精的蚁后可以飞到远至 5 英里外，然后建一个小巢，快速抚养工蚁后代，并在两年内产生新的蚁后。

简而言之，我们发现用传统的方法，特别是使用杀虫剂，很难杀死红火蚁。然而，我们提出的不同意见并没有阻止美国农业部和化工企业采用这样的计划：向所有红火蚁分布区域喷洒杀虫剂，以便一举消灭它们。

起初，这一雄心似乎是合理的。20 世纪 50 年代是美国必胜主义的时期。我们从法西斯军队手中拯救了世界。我们的科学和技术正在创造奇迹。美国人总是胸怀大志，真正的大志向。我们可以做任何事情。既然已经从原子弹发展到了氢弹，人们自然会想到将核爆炸用于和平目的的可能性。1957 年，原子能委员会准备迈出真正的一大步，而不只是停留在口头上：将核爆炸用作巨铲，我们可以开采迄今无法获取的天然气。如果我们愿意，我们可以在阿拉斯加“挖出”一个新港口。最好我们可以再挖一条和早已拥挤不堪的巴拿马运河类似的新航道，通过一系列核爆炸将太平洋和加勒比海水域连接起来。所有这些都意味着对环境的深远影响——都不是什么好事。

然而，每一个这样的超级项目都很快会遭遇可能引起地质灾害的预测，最终都被终结了。但其中蕴含的精神却并没有改变，这种精神随着美国在太空、医学和基础科学领域的成功而不断高涨。正是这种精神让人们自然而然地认为，像红火蚁这样重要的入侵害虫，美国的压倒性力量就算不能将其根除，也至少能将其控制住。

1958 年，美国农业部计划在美国南部大部分受灾地区喷洒农药七氯和狄氏剂。火蚁的数量将会大大减少，但离完全消失还差得远。与此同时，野生动物的数量，包括哺乳动物和鸟类，当然还有其他昆虫和无脊椎动物，也会减少。最后，农药处理区的人们也被置于危险之中：七氯会导致肝脏损伤，狄氏剂是一种神经毒素。

由于存在另一个无法解决的难题，人们为了大规模控制红火蚁而付出的所有努力都存在严重的缺陷：尽管整个地区都被杀虫剂浸透了，但只要有一个火蚁群存活下来，它就将继续像每一个蚁群所做的那样，培育出数百个长翅膀的蚁后，每个蚁后都能飞出 5 英里或更长的距离，并建立一个新的蚁群。这一生物壮举正是我后来把这次大规模喷洒称为“昆虫学‘越战’”的原因。

大约在这个时候，蕾切尔·卡森*开始关注火蚁事件。

---

* 蕾切尔·卡森（Rachel Carson，1907—1964），美国海洋生物学家，《寂静的春天》的作者。——译者注

她对美国的所作所为感到震惊。因为当时我是火蚁方面的专家，卡森写信给我，建议等她从缅因州的避暑别墅回到哈佛之后就整个问题展开讨论。后来，因为她生病，这一计划被取消了。随后，我给她推荐了一本最新出版的关于广泛使用杀虫剂的影响的专著。我相信这很有帮助，但我一直后悔没有放下手中的一切，开车到缅因州去亲自见这位伟大的美国人。

然而，蕾切尔·卡森并不需要进一步的帮助。1963年，她出版了《寂静的春天》，这本书彻底改变了我们对杀虫剂的看法，而且比其他任何事件或贡献都重要的是，这本著作开创了环保主义的新时代。值得注意的是，在美国南部一个港口城市的一块空地边缘首次（至少据我所知是首次）被看见的一种蚂蚁，它的发现对《寂静的春天》的出版起着重要作用。

入侵火蚁的故事把我带回到五百年前，当时另一种火蚁——热带火蚁（*Solenopsis geminata*）——在新大陆的殖民统治时期改变了历史。在经过大量的历史研究和昆虫学研究后，至少我是这么认为的。我们的分析论证揭示了环境史的一个规律：所有人祸都会重演。接下来我就将描述这个故事。

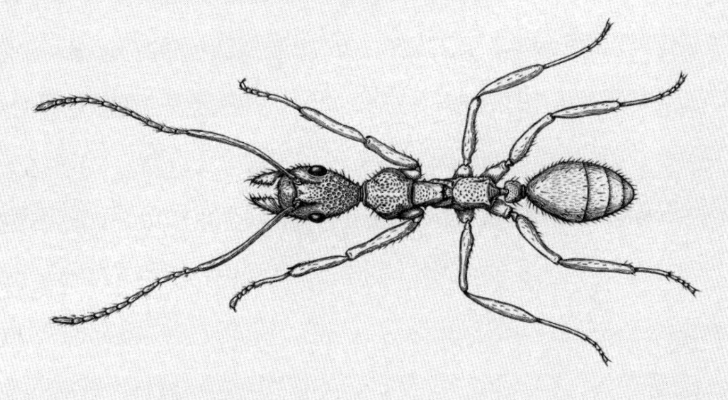

Chapter 7

第七章

Ants Defeat the Conquistadors

蚂蚁打败征服者

近 500 年来，有一个昆虫学之谜一直笼罩着新大陆的早期历史。1518—1519 年或其后不久，蜇人的蚂蚁引起的一场灾害袭击了西班牙人在伊斯帕尼奥拉岛[*]刚刚建立的殖民地。根据殖民历史学家巴托洛梅·德·拉斯·卡萨斯的目击陈述，蚂蚁摧毁了大部分早期农作物，致使其无法被人取用，同时它们还大批出没于第一批居民的住所。[†]

殖民者发现他们对快速蔓延的蚁群束手无策，这些蚂蚁甚至扩散到了他们在古巴和牙买加的殖民地。绝望中，

---

* 伊斯帕尼奥拉岛，又名海地岛，是加勒比海中第二大岛，位于古巴岛和波多黎各岛之间，分属海地和多米尼加。——译者注

† 这里的叙述改编自我发表的文章，见 “Early ant plagues in the New World,” *Nature* 433 (7021):32 (2005)。——作者注

他们选定了一位主保圣人，祈求神的帮助。他们在圣多明各*村庄的小教堂里举行了一场宗教仪式，最终把定居地搬到了圣多明各河对岸。

然而，这一切都无济于事。殖民者们开始讨论一起离开这座岛屿的事情。

对现代科学来说幸运的是，拉斯·卡萨斯描述了伊斯帕尼奥拉岛蚁灾的一些关键特征。他提到，这种蚂蚁极具侵略性，蜇刺后会让人产生疼痛感。它们密布于灌木和乔木的根系周围，然而与随处可见的切叶蚁不同，它们并不会攻击地上的植被。但不管怎么说，它们还是会对树根造成伤害，而且，最终它们成了令人生畏的室内害虫。

随着时间的推移，灾害开始逐渐减弱，有很长一段时间我们很少看到关于这种蚂蚁灾害的记录了。大约400年后，2004年，在我负责哈佛大学的蚁类馆藏（全世界规模最大且最完整的蚁类收藏）时，我决心尝试着确定是哪种蚂蚁造成了这场灾害，有可能的话，推断出为何这种蚂蚁在急剧扩张后逐渐平息。我认为这种侵略多米尼加的蚂蚁依然存活着，只是它们如同战败后的老兵一样，藏身于性情较温和的其他蚂蚁之间，被人类忽视了。

那时，我一直在研究西印度群岛的蚂蚁类群，我的收

---

* 圣多明各，现多米尼加首都。——译者注

集之旅遍及古巴、多米尼加共和国、波多黎各、小安的列斯群岛、多巴哥岛、格林纳达和巴巴多斯。我坚信自己能够分辨出哪些蚂蚁可能是隐匿的灾害制造者，而哪些蚂蚁不是。

已知出现在西印度群岛的蚂蚁有310种，我不会妄下结论，称某个蚂蚁物种是罪魁祸首，而是决定像侦探一样，排除所有“有嫌疑”的蚂蚁，直到我得出可靠的判断。然后我可能会把我认定的“嫌疑犯”押送至由我的蚂蚁生物学家同僚组成的陪审团面前进行审判。

大量野外调查的数据这里就不提了，唯一符合拉斯·卡萨斯描述的所有特征的蚂蚁是热带火蚁。而20世纪40年代美国墨西哥湾各州爆发的由入侵红火蚁引发的类似灾害更加印证了我的推断。

这第二种火蚁，即热带火蚁，是西班牙殖民者的惩罚者，它的主要识别特征是其兵蚁的头部比工蚁更加隆起，同时它还有一对强有力的上颚用来磨碎种子。热带火蚁的原产地似乎位于从北卡罗来纳州穿过墨西哥湾各州到墨西哥的海岸平原上。热带火蚁是一流的殖民者，它们通过人类贸易活动传播，最后在非洲、亚洲（中国台湾到印度）、波利尼西亚和澳大利亚定居下来。最近的分子生物学研究表明，16世纪热带火蚁从阿卡普尔科搭着西班牙人的大型帆船进入马尼拉，又在那里搭船进入了中国。

热带火蚁至少有三个特征使它成为适合“长途跋涉”的物种。它们凭借广泛的食用对象而兴旺，猎物、动物尸体以及种子都是其食物。它们在海滩上繁荣发展，而海滩时常会为蚁群提供去往新殖民地的入口。而且它们可以借助泥土和石头被当作压舱物装进西班牙大帆船的机会，开启它们的远洋之旅。

拉斯·卡萨斯提供的时间线恰到好处，至少对于一个由科学家扮演的检察官来说如此。伊斯帕尼奥拉岛的这场蚂蚁灾害在第一批西班牙大帆船到达后持续了二三十年，这差不多正好是热带火蚁在登岛繁衍后达到入侵数量水平，继而数量又下降到如今和其他蚂蚁类群成员（几乎）一样平稳的正常水平所需的时间。

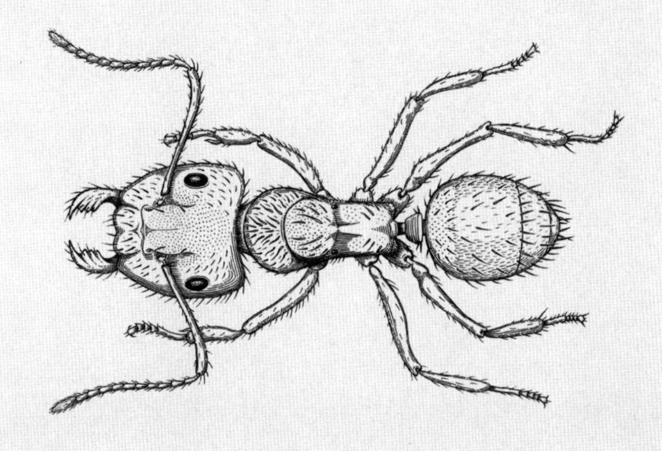

Chapter 8

第八章

The Fiercest Ants in the World, and Why

世界上最凶猛的蚂蚁

在我遍及世界的研究生涯中，我见过成千上万种蚂蚁，它们的特征形形色色，各不相同。其中最不受重视且最胆小的是我在马瑙斯北部亚马孙雨林见到的一种纤小的蚂蚁，经鉴定为拟态臭蚁（*Dolichoderus imitator*）。和我们通常联想到的蚂蚁不同，它们没有一点战士精神。蚁群由数百只工蚁和几乎很少露面的蚁后组成。它们在腐败的落叶堆随机形成的孔洞里营巢。当我干扰到它们时，即便是轻微的扰动，它们都会朝各个方向散开，一边跑一边捡起遇到的所有未成熟的同巢伙伴（幼虫和蛹）。就像人类在逃避龙卷风时一样，它们会选择任何可以藏身的地方作为避难所躲起来。在这种情况下，即使只想找到几个用于昆虫学鉴定的样本，对我来说也是困难重重。是我破坏了蚁群吗？可以肯定不是这样的。当我这个比一只蚂蚁大上一百万倍的怪物迈着笨重的步子离开时，蚁群一定已经重新集结完毕了。

蚁群具有超强的韧性。在雨林中，只要逃跑得够快，胆怯就能得到回报。

现在我们来看看侵略性强度的另一端。世界上最凶猛的蚂蚁有哪些？为什么它们如此凶猛？此外，各种蚂蚁之间究竟为何会存在一个从和平爱好者到战争狂的强度范围？接下来我将描述六种极端好战的蚂蚁代表。之所以选择它们作为代表，是因为它们合在一起可以阐明蚂蚁和其他社会性动物（包括人类在内）演化进程中的一个基本原理。

第一个代表是在澳大利亚的由94种犬蚁构成的犬蚁属（*Myrmecia*）中发现的。犬蚁是世界上体形最大的蚂蚁类群，大小和胡蜂差不多，性情也和胡蜂相似，人被蜇刺后会产生剧痛，这种剧痛同样也是胡蜂级别的。犬蚁在开阔户外的土中营巢，巢穴呈明显的火山口状，每个蚁巢只有一个入口，其周围被挖出的沙土环绕。它们有一对很大的复眼，而且对像人类大小的动物经常缺乏耐心。在你靠近犬蚁时，它们也会朝你爬过来，这个时候切记不要继续在它们跟前徘徊。当你后退时，它们会跟随你长达十米的距离。

只有莽夫和勇者才会想靠近并挖掘犬蚁的巢穴。正常

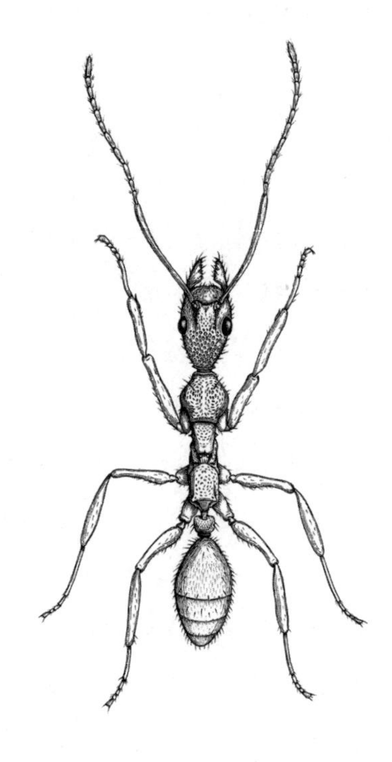

◆ 亚马孙雨林的拟态臭蚁，这可能是世界上最不具攻击性的蚂蚁（克里斯滕·奥尔绘制）

情况下，这就像一层一层剥开大黄蜂的蜂巢一样危险。

然而，1955 年，在一次去澳大利亚西南部探险的途中，在付出了仅仅被蜇了一两下的代价后，我便学会了如何挖掘犬蚁的巢穴。这是同为蚂蚁爱好者的卡里尔·哈斯金斯（Caryl Haskins，43 岁时被任命为华盛顿特区卡耐基学院院长）教我的。哈斯金斯知道如何采集整个犬蚁蚁群用于实验室研究。就像他演示给我的，首先，一边靠近犬蚁的巢穴，一边用拇指和食指抓起遇到的每一只犬蚁，迅速扔进大广口瓶里，这个过程不能超过三秒，要在犬蚁从腹部伸出螯针攻击你之前快速完成。在把所有的哨兵蚁抓完后，以每次约 2.5 厘米的深度挖掘蚁巢，这个过程中需要抓住每一只准备攻击你的蚂蚁。在巢穴的底部，你会看到安静地蜷缩在底层蚁室里的蚁后。

犬蚁令人印象深刻，部分原因是它巨大的体形。但是，更可怕的是那些和灌木以及乔木紧密共生的蚂蚁种类。共生关系的建立意味着没有一方是可以离开另一方独立生存的，这一类蚂蚁对任何侵扰的反应都是迅速且奋不顾身的。例如，在雨林中轻触蓼树属（*Triplaris*）的小树，你会遭到蓼伪切叶蚁（*Pseudomyrmex triplar*）“守卫蚁”迅速而猛烈的攻击，其凶猛程度就像是在触碰一株荨麻。尽管我曾亲身体会过这些“战士”的怒火，但我觉得引用新大陆第一位自然科学家，来自哥伦比亚的何塞·塞莱斯蒂诺·穆迪斯（José Celestino Mutis）在1770年左右的一段描述更加有说服力。这段描述中提到了一种在哥伦比亚被称作高树（*Palo alto*）的小乔木。

> 在威格迪瓜达尔（Vega del Guadual）一个炎热的日子里，我感到酷热难耐，便拄着猎枪站在一棵树冠十分浓密像金字塔一样的树下。不一会儿，我的身上就爬满了一种红色的蚂蚁，它们拼命叮咬我，费了好大的劲儿我才把衣服和鞋子都脱下来，我用衬衫拍打全身，试图赶走身上的蚂蚁。然而，蚂蚁实在太多了，我不得不跳进河里，不断甩动衣服，直到把它们全都赶走。等我回到家，全身都红肿了。我把这件事告诉当地的奴隶，他们告诉我那些是寄居在*Palo santo*[意为“神圣之棍”]上的蚂蚁。我和这名穆拉托人一起返回那个地方，那里有许多同一种类的树，在旁边不远的野地上还有许多中等大小的[这种]树，高0.5~0.75瓦拉[西班牙旧长度单位，1瓦拉=0.84米]，宽约1瓦拉。这些树的树枝没有树叶，像柳条一样。当你用手触碰它的树干时，一大群蚂蚁就会从一些你察觉不到的小洞里蜂拥而出，然后迅速爬满整个树干，速度之快，和它们用螯针攻击时展现的速度相差无几。

在西非和中非的雨林里，与此完全相同的共生演化关系并非只出现在一地，而是出现在多地。细长蚁属（*Tetraponera*）的蚂蚁和其宿主藤本植物及小乔木的关系就是其中之一。它们和蚁蜂（velvet ant）这种臭名昭著的寄生蜂类似，螯针异常强力。被这种蚂蚁蜇刺后疼痛感会持续数个小时，而且被蜇的地方通常会形成脓疱。1922 年，哈佛大学生物学家约瑟夫·白魁特（Joseph Bequaert）谈及它们时说道："宿主植物的任何部位被碰触，它们都会成群冲出来检查树干、树枝和叶片，一个死角都不留。一些工蚁通常还会跑到树干基部周围的地面上攻击入侵者，不管是动物还是人类。"

蚁群军事策略揭示的演化基本原理如下：蚁巢越是值得防御，其内部储藏的资源就越珍贵；蚁群采取的防御措施越有力，其表现也就越凶猛。总之，为了保护自己的家园，蚂蚁不得不这么做。它们的做法恰到好处，不多也不少。再回到寻找最凶猛的蚂蚁这件事上。那火蚁是不是最凶猛的呢？它们在凶猛程度排名上是否有一席之地呢？答案是肯定的，但是其凶猛程度并不及那些寄居在植物上、会从蚁巢中出来追赶过往路人的蚂蚁。火蚁只有在蚁巢被入侵时，比如人类穿着鞋用脚在蚁丘上踢开一个口子（出于好奇，我会条件反射般踢开每一个经过的土堆），蜇人的工蚁才会成群结队地倾巢而出。如果你不打扰它们，它们也不会打扰你。

行军蚁也不是最凶猛的战斗机器。行进中的行军蚁纵队和横队会围赶所有位于它们前方的生物，但它们是选择性捕食者，而不是无差别攻击的皇家禁卫军。它们如同英国草坪上成群的椋鸟，风卷残云般地推进、抓捕和啄食地上的昆虫。

最后，切叶蚁也不是最强大的蚁群，其成员有数百万之巨，兵蚁（大工蚁）会攻击任何侵犯它们蚁巢的敌人。最令人印象深刻的是它们的超级兵蚁［也叫超级大工蚁（supermajor）］，隆起的头部里分布着大量上颚肌肉群，骨化的“牙齿”呈刀片状，可以切断任何柔软的物质。

我在实验室和野外都研究过切叶蚁。在哈佛大学，我用一排排的塑料盒饲养健康的切叶蚁群，这使我和实验室的组织者凯瑟琳·霍顿（Kathleen Horton）得以长期保存切叶蚁种群，它们比在野外找到的纽约市规模的蚁巢维持的时间长得多。我们的做法类似于日本盆景，形态虽小却欣欣向荣。

以我被叮咬、蜇刺和被蚁酸喷射的经历，经过充分判断，我认为最凶猛的蚂蚁是被称为“附生植物花园蚂蚁”的黄足弓背蚁（*Camponotus femoratus*），它和在北美森林及室内随处可见的巨大的黑弓背蚁（*Camponotus pennsylvanicus*）是远缘种。黄足弓背蚁蚁群在亚马孙雨林的树冠层广泛分布，它们使用地上收集的泥土和各种植物碎屑包裹树枝，在附生植物（已经适应在雨林的树干和树冠上生长的一类植物）周围建造球形的“蚁圃”。多个蚁巢借助向四周生长的附生植物结合在一起，形成一个结构上具有弹性的球形整体。在“蚁圃”中，蚂蚁以附生植物的汁液为食，介壳虫和水蜡虫作为“牲畜”，会为宿主蚂蚁提供富含糖分和氨基酸的分泌物，在宿主蛋白质匮乏时，它们有时会贡献自己的身体供宿主取食。

这种蚂蚁会在蚁圃内或其周围搬运种子，我们早期认为种植种子是蚂蚁和植物共生关系的一部分，但还有其他对这一现象的合理解释。这些种子可能是作为食物被收集起来的，之后被放错了地方；也有可能是早期营巢时种子被吹了进来。

不管这些亚马孙“蚁圃”起源自何处，它们和其内部富含蛋白质的居民对于各种各样的脊椎动物和无脊椎动物敌人来说都是诱人的目标。黄足弓背蚁蚁群在昆虫学家中以其令人恐惧的凶残程度享有盛名，但是考虑到它们的巢穴大多处于雨林的树冠中，在自然环境中观察它们是很不方便的。

不过，最终我还是遇到了一个可供我研究且从未被干扰过的“蚁圃”。出于某种原因，这个蚁圃被建造在了一个离地面只有两三米的树枝上。当我转身顺风朝蚁群走去

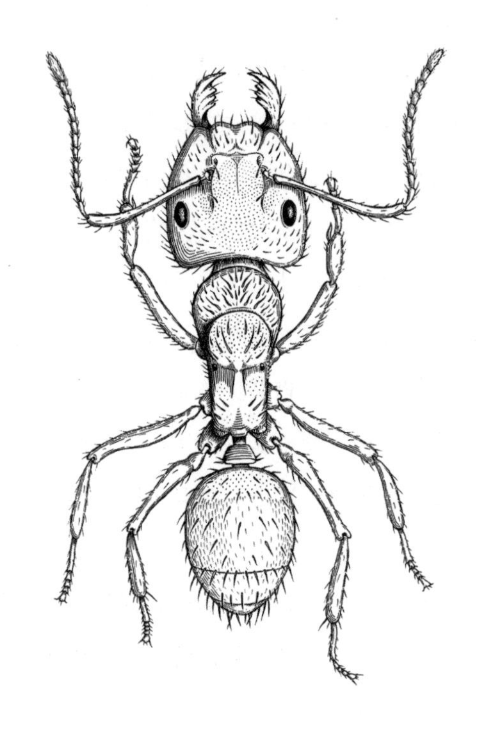

◆ 凶猛的树栖亚马孙蚂蚁黄足弓背蚁的兵蚁（克里斯滕·奥尔绘制）

时，一群工蚁几乎是在一瞬间喷涌而出。我继续靠近，还没有碰到蚁巢，那些防御者便已失控。它们像叠罗汉一样堆叠在一起，用带着尖刺的腹部对着我爬过来，同时喷射出一团蚁酸。我不能确定它们异乎寻常的怒火是因为看到了我还是闻到了我的气味，但在这里我把“最凶猛”这一票投给了它们。

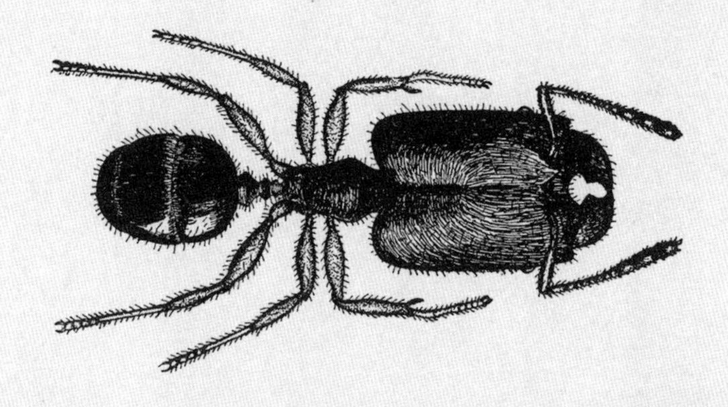

Chapter 9

第九章

The Benevolent Matriarchy

仁慈的母系制

正如我开篇提及的，截至 2018 年夏季，全世界已有 15 438 种蚂蚁被发现并以拉丁名命名。我对其中的约 450 种进行了描述。我凭主观猜测认为，世界上被发现和有待被发现的蚂蚁种类总数大概有 2.5 万种。斯蒂芬・科弗（Stefan Cover）和史蒂文・沙特克（Steven Shattuck）这两位正在哈佛大学对世界上最大规模蚂蚁收藏进行研究的蚂蚁分类学家估计这个数字介于 2.5 万到 3 万之间。

现代科学时代最早研究蚂蚁的学者是卡尔・林奈。他描述了第一种蚂蚁并使用拉丁双名法对其命名，今天我们使用的它的正式名字是“*Camponotus herculeanus* Linnaeus 1761”，即广布弓背蚁，非正式的（用英语命名的）名字是木匠蚁，是一种广泛分布在寒冷的北温带地区的相对大型的蚂蚁。

1946年，在我还是亚拉巴马大学的一名学生的时候，全世界大约有24位专家在发表关于蚂蚁的论文。现在则有数百个专家了，已知蚂蚁物种的名册越来越厚，它们的社会生物习性也得到了比此前更为深入的研究。科学家们了解到，在过去的1.5亿年间，蚂蚁所取得的成就是，以一类社会性昆虫所能想到的所有适应方法，遍布陆地世界，并一次又一次地影响着几乎所有我们能想到的有它们存在的生态位。

蚂蚁利用我们可以想象或超乎想象的社会组织策略，在地球庞大的蚁后王国各地形成了各色物种。其中一些可以在水下行走，收集淹死的昆虫尸体；一些树栖种类像鼯鼠一样利用身体边缘在林冠树枝之间滑行；还有一些物种，它们配有陷阱颚的“女猎手”能以有记载的最快的动物行动速度捕捉猎物；雨林中的觅食者会通过记住头顶树冠的形状找到回家的路；有些蚁群会奴役来自其他蚁群的俘虏；自杀性兵蚁会通过猛烈收缩腹部进行自爆；寄生性蚁后会废黜宿主群落的原始蚁后；重寄生的（hyperparasitic）蚁后会奴役或杀死原来寄生的蚁后；小型寄生性蚁后会附着在宿主蚁后的背上；多个蚁群会聚集成一个超级蚁群绵延数十千米；园圃蚁类（gardening species）以生长在咀嚼后的树叶上的真菌为食。诸如此类的策略不胜枚举。

尽管和人类帝国类似，蚂蚁群落也存在着职业的多样性，但大多数蚂蚁种类有着可被称为蚂蚁标准的蚁群生命周期。蚁群始于一只未来的蚁后，这只未交配的蚁后离开出生地后开始婚飞。它可能在半空中交配，也可能降落在一个显眼的位置，如一片树叶或树梢上，然后释放性引诱剂，使其随风扩散。雄性蚂蚁会跟随上风端空气中的踪迹找到蚁后。在它们相遇和交配后，蚁后会找到一个地点，在那里开始建立她自己的蚁群。而雄蚁在完成其存在的唯一价值之后会成为鸟类、蜘蛛或其他捕食者的猎物。如果是在城市里，我们偶尔也会在路灯下发现成堆干瘪的雄蚁尸体。

在本能的指引下，蚁后会向着她的命运奋力前行。依据物种的不同，蚁后会寻找一根中空的树枝，或者腐朽原木表面下的一个空间，或者一小片没有敌对蚂蚁活动的裸露土地，然后在其内部挖出一个小洞，再把洞口封闭起来。

蚁后对巢穴位置的选择对其蚁群能否成功繁衍影响巨大。在切叶蚁、火蚁以及其他许多蚂蚁种类中，任何一个大型蚁群附近的地带都会有侦察蚁和觅食蚁巡逻。如果在这种情况下营巢，这只准蚁后能存活并产下第一代的概率小于千分之一。

火蚁有多个刚受精的蚁后聚集营巢的习性，这种行为会降低先驱者们繁衍新群落失败的风险。营巢初期，有多到约十二只的蚁后联合进行挖掘和防御的工作。但是这种策略即使成功，每一个蚁后在之后依然承担着非常大的风险。在第一代蛹羽化为成年工蚁之后，它们会把蚁后一字排开，一个接一个地蜇刺处决，直到剩下最后一个幸存的蚁后。

这些工蚁在处决期间也不会放过自己的亲生母亲。它们会选择生殖力最旺盛的蚁后，显然这是工蚁在比较能够体现蚁后生育能力的信息素之后感知到的。如果它们的母亲没有通过测试，这些工蚁会加入处决自己生母的行列或者允许它们被其他工蚁杀死。

绝大多数蚂蚁类群繁衍蚁群的过程就像田径比赛中的冲刺。为了获得胜利，你必须在正确的时间来到正确的位置（找到一个配偶，然后在一个没有捕猎者的地点开始繁衍新的群落），然后迅速起跑（迅速并安全地养育第一代工蚁），最终到达终点（在最短的时间内繁衍最大数量的工蚁）。

蚂蚁世界几乎完全是女性世界。雄蚁是一种可悲的生物，它们只知道在婚飞时竞争未交配的雌蚁，以及接受来自它们工蚁姐妹的食物和照料。它们的出生就是为了一次性交配（如果它们能做到这一点的话）。它们几乎一生都

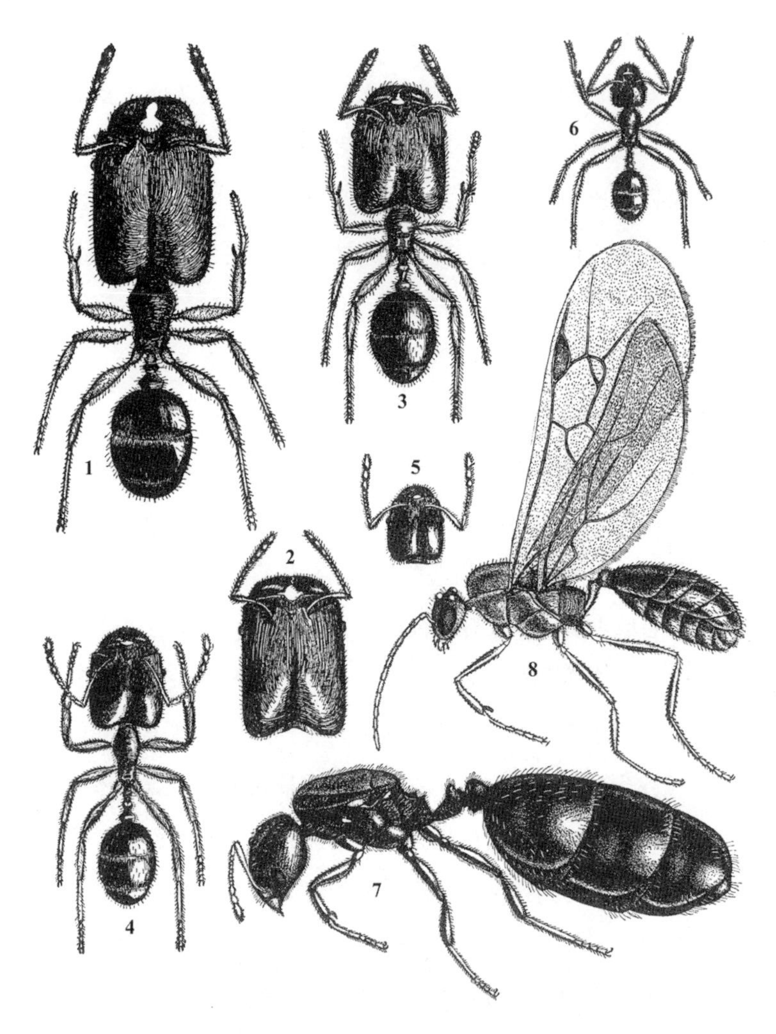

◆ 北美西南地区物种躁动大头蚁（*Pheidole instabilis*）的成蚁全等级图示，由威廉·莫顿·惠勒在 1910 年绘制。巨大的蚁后（底部，图 7）在交配后脱翅并开始繁殖蚁群。蚁后的上面是永久具翅的雄蚁（图 8），在离开蚁群交配后死去。工蚁等级高度可变，从小型工蚁（图 6），到中型工蚁（图 2 ~ 5），再到样貌奇怪的大头兵蚁（图 1）

作为在其姐妹看来毫无用处的监护对象生活在巢穴里。我和许多其他研究人员长期以来一直在努力观察，希望能找到一些证据，表明在某些物种中雄蚁在巢穴内或其周围对它们姐妹的工作起到协助作用，或者它们会冒着生命危险去捍卫蚁群。但至今未发现证据表明雄蚁在这些方面有任何贡献。

雄蚁的头很小，眼睛和生殖器很大，这些都是它们在婚飞期间完成孤注一掷的一次性目的所必需的。作为精子导弹，雄蚁在婚飞中如同神风特攻队一般，成功与否不得而知，但注定有去无回。

从遗传学角度上看，是什么把雄蚁和雌蚁分开的呢？雄蚁是由未受精卵发育而来的，而雌蚁是由受精卵发育产生的。蚁后通过输卵管控制着每一个卵的性别。它的腹部内有一个被称作受精囊的袋状结构，受精囊内储藏有交配时获得的精子。受精囊和输卵管通过一条管互相连通。管内有瓣状结构控制它的开关，蚁后在需要繁殖雌蚁时会打开管道，允许一个精子进入输卵管并与卵子结合形成受精卵。反之，蚁后会保持管道关闭，产出会发育成雄蚁的未受精卵。也正是因为如此，蚁群内不会出现雄性“国王”、“总统”或“战斗指挥官”，雄蚁只会成为“皇家统治者”的短命配偶。

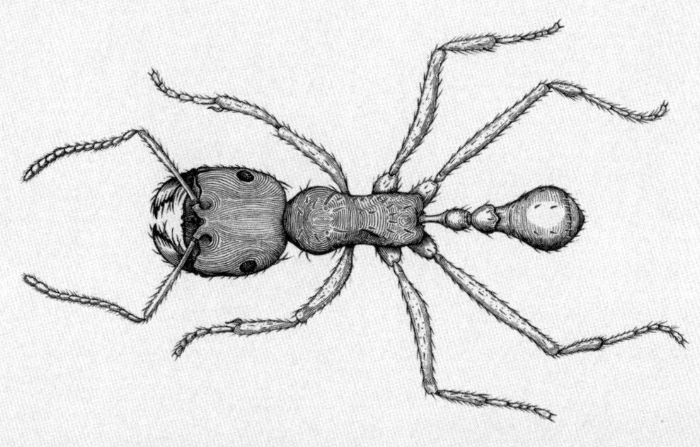

Chapter 10

第十章

Ants Talk with Smell and Taste

蚂蚁“说话”的方式：嗅觉和味觉

2018 年，当我来到佛罗里达州香榧州立公园（Torreya State Park）的荒野时，已经是春天了。动物的冬眠期已经结束，这里有大量的猎物可供食肉动物享受。是时候让由我看管的铜头蛇重回它在蛇界的生活了。它像流水一样顺滑地爬进了聚集在那里的生物学家中间，它分叉的舌头进进出出，优雅地触碰而非舔舐大量的微小气味物质，以此来摩擦犁鼻器（Jacobson's organ），那是它口腔顶部对化学物质敏感的上皮细胞。这个异常美丽的动物离开了附近铜头蛇洞内的越冬居所，正在一个由本能和当下环境决定的未知地方通过嗅觉寻找出路。

铜头蛇和很多其他动物一样，生活在一个科学家几乎还不了解的感官世界里。人类是少数例外：我们几乎完全依赖视觉和听觉。鸟类、蟋蟀、青蛙、珊瑚鱼和其他一些动物也被困在一个由视觉和听觉营造的泡沫中，我们发现，构成生命其余部分的大约 1 000 万个物种的内在世界，对我们来说就连想象一下都是困难的。

从来没有人用香水和腋下体味写下或讲述过一个人类的爱情故事。

如果我们那些依靠视觉和听觉的双足灵长类祖先没有起源于非洲大草原，如果他们没有跌跌撞撞地经过 600 多万年的演化，最终产生智人，那么今天的陆地环境很可能是由社会性昆虫主导的。蚂蚁是捕食者，白蚁是死亡植物的消化者，两者几乎都只靠味觉和嗅觉进行交流。

从更专业的角度来说，社会性昆虫主要通过信息素（使信息在同一物种不同个体之间来回传递的化学物质）和利己素（社会性昆虫用来捕食或避免成为猎物的物质）来“说”和“听”。

在所有靠嗅觉和味觉生存的生物中，蚂蚁是化学交流的天才。如果在其他星球上发现了高级形式的生命（我们最终会发现它们的，至少会在太阳系以外的恒星系统中发现），那么，这些外星人中很可能包含某种真社会性物种，顾名思义，就是那些通过利他主义和高度合作形成社会的物种。真社会性蚁群的核心由“皇室”成员组成，它们繁殖时很少需要或根本不需要工蚁的帮助。工蚁部分摆脱或完全摆脱了繁殖的身体构造和生理需求，能够更有效地特化和竞争，使它们的蚁群在竞争中胜过其他个体及蚁群。演化通过自然选择的方式进行，这种选择不仅发生在蚁群的个体成员之间，也发生在蚁群层面上。这一过程与自然选择演化的基本规律是一致的：演化的单位是基因，而自然选择的目标是基因所指示的性状。这就是达尔文生物学的基本原理，一条很可能适用于整个宇宙的法则。

真社会性群体在地球生命的历史上至少出现过 17 次。真社会性在鼓虾科（Alphaeidae，通常被称为枪虾或嘎巴虾）中出现过 3 次，这类生物以在浅海水域的活海绵中挖洞筑巢而闻名。产生真社会性居群的另外两个支系是当今的蜜蜂和胡蜂，在小蠹虫和非洲地下裸鼹鼠中也分别发现了两种，在现代的蓟马、蚜虫、芦蜂（allodapine bee）和缘隧蜂（augochlorine bee）中也出现了社会性群体。最后，把人类纳入其中似乎也是有道理的，在人类社会中，悉心照料、极端的劳动分工、活跃的军事服务以及强调节制的宗教派别都是普遍存在的。

当今，有多少蚂蚁和人类共存？如果我们粗略估计为 10^{16}，即一亿亿，大约是同时存活的人类数量的一百万倍。由于一只蚂蚁的重量在 1 毫克到 10 毫克之间，是人类重量的百万分之一，因此把这些推测的数值结合在一起会产生一个引人注目的结果，即所有现存的蚂蚁和所有活着的人的重量差不多。

然而，人类学家和昆虫学家都不应对蚂蚁与人类的生物量大体相等这一粗糙的证据过于惊讶。想象一下，如果把 75 亿人全部堆放在一起，那么所有人会填满一立方英里的空间，科罗拉多大峡谷的一个偏远角落就足以藏住所有人了。

在一亿多年的时间里，蚂蚁对于创造现今我们所居住的环境发挥了重要作用。在此过程中，它们产生了自己独特的化学感官世界。换句话说，它们复杂的组织几乎完全靠味觉和嗅觉来运作。要识别蚂蚁之间传递的化学信号，通过人类与蚂蚁的“对话”实验，就可以破译它们生存的“罗塞塔石碑”*。

即使只是偶然接触蚁群，它们依赖信息素交流的证据也是显而易见的。你自己可以考虑做下面的实验。找到一个蚁群，你厨房里的入侵者就可以。如果家里没有蚁巢，找一个温暖的日子，到外面去，在光秃秃的土地上或温暖的岩石下去找。在离巢穴尽可能近的地方滴一滴糖水，观察正在这个地方四处游荡的侦察蚁发现它时会发生什么。我们会发现，第一个遇到“珍宝”的侦察蚁，通常会喝得饱饱的。然后它会跑回家，通常沿着一条直线跑回去。虽

---

* 罗塞塔石碑是解释古埃及象形文字的可靠线索。——译者注

然你不知道巢穴的确切位置，侦察蚁是知道的。侦察蚁将糖水滴回吐给巢穴中的一些蚂蚁，然后出巢返回。其他一些工蚁会跟随它走出蚁巢。它们精确地追踪着带头的侦察蚁的行进路线，每一个重要的转弯处都不错过。很明显，侦察蚁已经为它的同伴们留下了化学痕迹。它在用糖水回吐给其他工蚁时也会通过信息素高喊：“我找到食物了！就是我带回来的这种食物！跟着我走就能找到更多！”

接下来，有一种方法可以证明一套完整的信息素对蚁群的完整性是至关重要的。从蚁巢入口附近轻柔地捡起一只工蚁，就像你引导它进入瓶子时做的那样。然后，等它平静下来后，让它重新回到同伴那里。这时，它会显得有点兴奋，但它的同伴就表现得没那么兴奋了。现在我们来重复这个实验，但是放入蚁群的蚂蚁来自另一个距离较远的蚁巢。当它被放进这个不同的蚁群中时，蚁群会猛烈地攻击它。

“体味不对！外来者！外来者！”

第二个蚁群的工蚁用它们含有大量气味探测器的触角对进入蚁群的蚂蚁进行检查，并立刻识别出它是入侵者。每只工蚁身上的油性表面都含有一种其出生蚁群特有的物质组合，就像一把锁配一把钥匙一样独一无二。那些带有异类气味的蚂蚁会立即被攻击、杀死或赶走。

蚂蚁的体味，即它身体油脂吸收的气味混合物，就像一个人的脸或其穿着的制服。它所携带的化合物组合使得同一物种的其他蚂蚁一下就能分辨出它是否为同一蚁群的成员、它的性别、等级、大致年龄，以及它当时专门从事的任务。

大部分信息必须在几秒内准确无误地处理完。这些准确的反应性对于蚁群的生存至关重要。而不同蚂蚁物种的蚁群成员数量，少的不足100，多的超过100万。

观察一群工蚁来回穿梭，会看到它们有的朝一个方向移动，有的朝相反的方向移动。当它们迎面相遇时，彼此只会停顿片刻，毫不犹豫，然后以与它们接近时相同的速度继续前进。慢动作摄影展示了每一次这种交流的细节。当蚂蚁沿着侦察蚁留下的气味线路前进时，它们会把触角从一边扫到另一边。每个触角的第一节是长而裸露的柄节，起着主干的作用，用来支撑和移动外部较短的被统称为鞭节的部分。

触角的鞭节是蚂蚁的鼻子。它密布着一层细小的毛、突起和板状结构，专门用来探测各种化合物，并将它们的特征和数量通过神经系统传递给大脑。蚂蚁根据所反馈的感觉信息，迅速而果断地选择行动。

我们对蚂蚁的感受器是如何工作的仍然知之甚少。目前，通过视觉和听觉这两种主要感官，我们在很大程度上只知道我们所看到的东西。通过鞭节一个极小表面的细节成像，我们可以看到数量惊人、种类繁多的微小结构。尽管了解每个结构如何发挥作用的细节，了解它们如何区分精细的化学信号并将神经系统细胞中的信号传递到蚂蚁大脑中将会非常有趣，但我也必定满足于所知，至少我是第一个总结出信息素是如何用于蚂蚁间及蚁群内的信息交流的人。

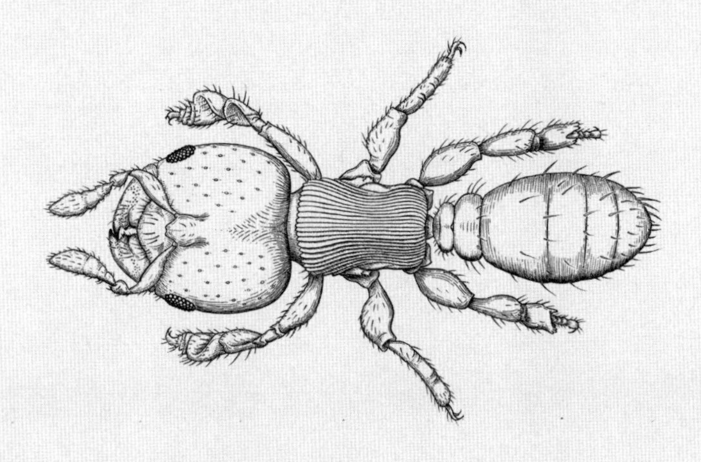

Chapter 11

第十一章

How We Broke the Pheromone Code

破解信息素密码

想要了解蚂蚁的自然现象，找到一种和它们沟通的方法至关重要，其重要程度不亚于了解一种新的人类文明或是来自其他星球的外星人。任何时期全球都生活着一亿亿只蚂蚁，它们与人数不到 80 亿的人类共同分享着地球上的土地。我们怎么可能忽视它们的存在呢？蚂蚁存在的时间比我们人类长了太多，最早可追溯到 1.5 亿年前的爬行动物时代。

尽管如此，人类和蚂蚁仍有很多相似之处。观察一个蚁群的活动就像在欣赏安布罗吉奥·洛伦泽蒂（Ambroglio Lorenzetti）的《善政寓言》（*Allegory of a Good Government*），在这幅画作里他把锡耶纳描绘成了一个秩序井然的城邦。在这幅 1340 年绘制的经典全景画中，市民们都表现得活跃高效且彬彬有礼。他们平静地忙碌着，在街道和建筑物间进进出出，穿过有警卫把守的大门，来到富饶的乡村。每一个人都有生活的奔头。在这个时刻，洛伦泽蒂画笔下的城市和平、自由、与世无争。即使有敌对王国、公国和城邦的军队存在，他们也只是安静地驻扎在遥远群山的另一边而已。

相似之处确实存在，但蚂蚁和人类之间的真正区别太大了。蚂蚁依靠自己的本能创造文明，因为它们只能创造演化允许它们创造的一切，而没有能力做其他事情。相对它们而言，人类被自我、家庭和部落的相互竞争的需求所撕裂。我们利用文化来驱除或至少驯服本能，甚至在利用它来创造我们的价值观时也是如此。

正如我所强调的，最重要的是，人类通过视觉和听觉进行交流，这也允许我们创造出具有特定意义的文字。换而言之，我们通过语言来交流，这是社会秩序能够快速演变的先决条件。相比之下，蚂蚁使用嗅觉和味觉，通过化学分泌物进行交流，其含义则由基因确定。

正因为我们的陆地世界是由超过 70 亿的人和一亿亿只蚂蚁共同掌管的，所以，就像我们登上有其他社会性物种栖居的地外星球一样，能够和蚂蚁交流是很重要的一件事。

1958 年夏天我在哈佛大学的实验室里决定研究火蚁种

群的信息素语言时，脑子里就是这样的想法。这个目标最初看起来是一项不可能完成的任务，但是我有几个有助于实现这一目标的优势。其中最重要的一点是，火蚁详细的生活史数据和相对简单的生活使其尤为适合这项研究。

那么，如何开始这项研究呢？作为一名研究型生物学家，我用了一条启发我一生的法则：每一个生物学问题都对应着一个理想物种来解决它，相反地，每一个物种都对应着一个研究它可得出理想解决方法的问题。

入侵火蚁是研究蚂蚁在寻找食物时使用的通用语言的理想物种。火蚁的工蚁是蚂蚁中协作搜索的天才。让一群火蚁在你的花园里定居，接下来你将发现它们会从你的厨房台面上偷走饼干屑。让我们来重复一下：让一只侦察蚁离开蚁巢去搜索食物，不管这些食物是在哪里。当食物被成功找到时，它们会集结工蚁姐妹保护食物并帮助自己将其运送回巢。或者，它们会向工蚁姐妹报告食物的准确位置。当一个女猎手发现的食物太大（比如一只老鼠的尸体，或者野餐桌上无人看管的一块糕点），不能独自带回时，工蚁会取食片刻，让食物的气味保留在口器上以便蚁巢内的同伴判断食物的质量。然后，它会直线跑回母巢，伸出螫针，在地上拖拽并留下微量的信息素。

到达蚁巢后，觅食蚁会在蚁巢中跑动，通过地面残留的信息素一只接一只给工蚁姐妹发出宴会邀请，同时告诉它们食物的种类和质量信息。食物越丰富、蚁群越饥饿，觅食蚁就会表现得越兴奋。用人类的话来说，觅食蚁的呼唤从“食物！食物！我找到食物了！”变成了“注意！食物！食物！跟紧我的脚步！我要出发了！”。在通知每一只蚁巢内的同伴后，工蚁会顺着自己留下来的踪迹一路折回。

我立刻想到，首先，这条踪迹中含有信息素；其次，通过室内实验观察蚁群对信息素的反应是找到释放信息素的腺体的最佳生物测定方法。

于是，我开始寻找腺体的位置。如果我能找到这块关于蚂蚁语言的“罗塞塔石碑”，我就能和一群火蚁“说话”，告诉它们去哪里寻找食物。我所要做的就是分离那些可以向体外分泌物质的外分泌腺体，在实验室内制造人工踪迹并观察蚂蚁对踪迹的反应。

因此，首先我必须知道蚂蚁有哪些外分泌腺体，这些腺体都在哪里。多亏有显微镜学家查尔斯·珍妮特（Charles Janet）、奥古斯特·福雷尔（Auguste Forel）、威廉·莫顿·惠勒和马里奥·帕万（Mario Pavan）在 19 世纪和 20 世纪所做的开创性工作，我大致知道了蚂蚁外分泌腺体的位置。这些早期的解剖学研究是在复式显微镜的帮助下，使用组织学、标本切片和三维结构重构等经典方法完成的。他们的描述不仅让我受益匪浅，而且对我来说是必要的。但我依然面临一个棘手的问题。一只火蚁只有2～5毫米长，1～2毫克重。它们的腺体几乎比灰尘还要小，我该如何解剖出这些腺体并除去上面的杂质，然后将其内容物展现在实验室蚁群的面前呢？

如此精细的工作通常是由能够使用显微操作器的生物学家完成的，他们可以使用足够小的仪器，通过指尖的细微操作完成对极小量材料的处理。但是我没有耐心学习一项新技能。幸运的是，我直接使用所有手持设备中最精密的仪器就实现了这个目标——杜蒙特5号尖头镊子，珠宝匠们通常使用它夹持非常小的稀有宝石。我用于分离腺体的操作不是有意识的肌肉动作，而是在解剖镜下可以仔细看到的正常的手指颤动，这些非自主的动作刚好能让我从基部切开腺体并把它们浸入昆虫血液盐水中以备后用。

正是在探索蚂蚁信息素的过程中，我体会到了另一个生物学研究的原则：

> 在探寻新现象的过程中，试试“意外发现”。使用精确但简单且容易重复的实验来获得某种期望之中或预期之外的结果。我们的主要目标是发现以前未知的现象。接下来就是重复做实验，仔细测定，用其他方法测试结果，从相反的角度进行解释并检验是否成立。所有这些工作都必须在提交纸质报告或以其他途

径正式发表结论之前完成。

意外发现最好的结果就是惊喜，这也是我在接下来寻找踪迹信息素时所经历的。在工具和技术的支持下，我首先发现的是火蚁的毒腺。在显微镜下可以观察到觅食工蚁伸出螯针并留下信息素踪迹。猜测这种毒液来自某种腺体或其他器官是有道理的，信息素可能就是毒液本身。但是，当我在论证这种猜想时，结果是完全否定的。这些毒液对饥饿的火蚁来说毫无意义。之后，我测试了全身其他部位的腺体内容物，结果也是一样的，对此我并没有感到有多惊讶。

然后，我注意到了另一个候选器官，这是一个和螯针相连的器官——杜氏腺，这种腺体以里昂·珍·玛丽·杜福尔（Léon Jean Marie Dufour）的名字命名，也正是她在1841年对这种腺体进行了描述。杜氏腺普遍存在于蚂蚁和黄蜂中，腺体的开口与螯针基部相连。杜氏腺呈腊肠状，用肉眼看来只是一个很小的白色斑点，似乎不太可能是为火蚁提供嗅迹的重要角色的候选者。但是，当我从一只刚杀死的蚂蚁身上剖出杜氏腺并用盐水清洗干净，把它放在一个尖锐的涂药器顶端压碎，在实验室内挤压并画出一条由蚁穴入口向外延伸的人工踪迹时，令人惊讶的事情发生了。成群的火蚁沿着踪迹蜂拥而出。它们在我画下的路径上走来走去，就像人们在拥挤的大楼里听到刺耳的火警时的反应，四处奔跑，大喊大叫。

蚂蚁对一种活性化学物质会产生生物学反应，这种联系已经建立。接下来需要通过生物测定确定这种化学物质的成分。如果成功，这将是一个真正的突破——可以说这是对蚂蚁的罗塞塔石碑上一个文字的成功解读。幸运的是，不久前研究天然产物的有机化学家完善了一项可以识别微量混合有机物质的技术。气相色谱法可以对混合物进行分离，使鉴定分离出的物质成为可能。通过质谱分析法，对分离物和之前已鉴定的成分进行对比，即可确定出未知物质的成分。

这时候，在哈佛大学熟悉这种新方法的三位化学家加入了我的团队，与我共同致力于鉴定火蚁信息素的成分。他们分别是：詹姆斯·麦克洛斯基（James A. McCloskey），当时是得克萨斯州休斯敦的贝勒医学院一名年轻的教授；约翰·劳（John H. Law），芝加哥大学教授，之后任亚利桑那大学生物化学系主任；克里斯多夫·沃尔什（Chritopher T. Walsh），一名研究生，后来成为哈佛大学医学院的一名杰出教员。毫无疑问，信息素是有机化合物，为了弄清它的成分，我们需要获得至少毫克级的纯样品。但是这一需求又带来了另一个问题：每只蚂蚁只含有 1 微克这种纯物质。为了做进一步的研究，我们需要采集成千上万只蚂蚁来收集这种信息素。

我们的团队从哪里获得如此大量的样本呢？作为团队里的生物学家，我知道该如何去做。沿着美国东南部的高速公路和小道，大约每一百米就能在长满杂草的道路上发现火蚁的蚁丘。每一个蚁巢中都有多达 20 万只工蚁。而我知道如何从每个蚁巢中把大部分工蚁收集起来。

于是，我把我的化学家朋友们带到了佛罗里达州杰克逊维尔以西的一条高速公路上。在这里，火蚁的巢穴密布在由静静流淌的淡水溪流汇聚成的池塘边。我们冒着被火蚁蜇刺的风险，勇敢地从蚁丘中铲出大量泥土并将其抛进溪流中，看着泥土中的蚂蚁浮上水面。接下来，火蚁遵循了遭遇自然洪灾时拯救蚁群的那种本能：它们聚集在一起形成活体筏，漂在水面上。在自然条件下，它们可以用这种方法顺流而下，直到安全上岸。

利用这种本能，我们的哈佛团队采集到了足够的蚂蚁，并提取到了足够的蚂蚁信息素，用于进行接下来的常规有机化学分析。通过使用提纯物质制造人工路径，我的合作者确定这种信息素应该是一种萜类化合物。

然后，他们遇到了难以想象的挫折。为了了解信息素的原子结构，信息素被不断提纯，而伴随着提纯，其效力在不断减弱。这种预料之外的逆向结果可能意味着信息素产生的效应不是由单一物质引起的，而是混合在一起的多种物质共同产生的结果。佛罗里达州盖恩斯维尔市美国农业部火蚁实验室的负责人罗伯特·范德梅尔（Robert Vander Meer）证明这种看法是正确的。杜氏腺的分泌物是多种信息素的混合物，它们分别起到了刺激、吸引和引导的作用。

有一天，我扮演了蚂蚁的“摩西”*，在一个人工蚁巢的入口处放置了大量的浓缩信息素。在极度兴奋的气氛中，一大批蚂蚁从入口中涌出。唉，我没有给它们提供“应许之地”，它们四处游荡，最后慢慢地返回了蚁巢。

---

* 摩西是《圣经》中犹太人的古代领袖，曾带领在埃及为奴的犹太人迁回应许之地迦南。——译者注

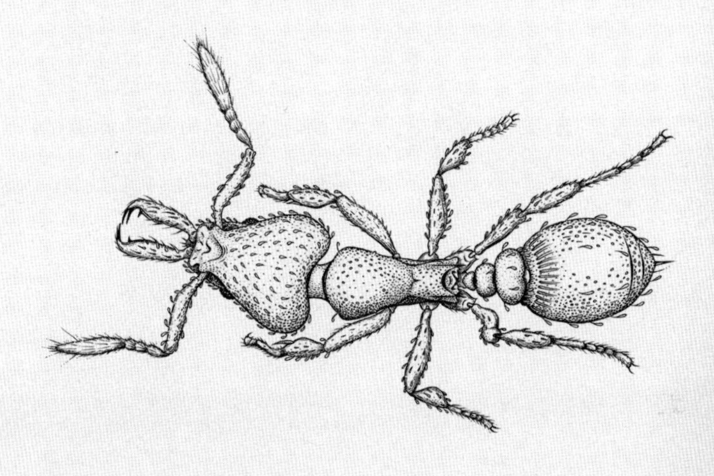

Chapter 12

第十二章

Speaking Formic

蚁语

在被昆虫学家分过类的 1.5 万多种蚂蚁中存在着不同的语言——“蚁语”*，它们是一系列信息素，工蚁使用它们来安排社会生活。我和其他一些生物学家对于如何将它们的化学语言翻译成人类的视听语言已经有了一些认识。

所以，一种工蚁会使用多少种信息素呢？在我期望称之为“蚁言”（formicese）的语言中存在多少个单词呢？我猜测大概在 10 个到 20 个之间，确切的数量要依据物种而定。此外，蚂蚁能够通过改变信息素的释放量传递新的信息。

---

* “蚁语”（Formic）是罗伯特·弗罗斯特在他绝妙的小诗《部门》（“Departmental”）中给蚂蚁的语言起的名字。——作者注

例如，当一个栗红须蚁（*Pogonomyrmex badius*）试图收集种子和其他食物时遭遇了一群它们的死敌——火蚁，栗红须蚁会通过位于锯齿状的上颚交界处的双腺体喷出警报物质——甲基庚酮。这种物质具有挥发性，会快速消散并产生一种易于被蚂蚁和人类察觉的气味。除非蚂蚁逃离，否则这种甲基庚酮的挥发物会形成半球状的“信息素作用区”，在这个范围内的蚂蚁和人类都可以闻到它的气味。这种物质在其被释放的位置，即蚂蚁的头顶上方浓度最高，而越靠近信息素作用区的边界，浓度就呈指数级减弱得越快。

第一只在信息素作用区的边界通过嗅觉捕捉到信息的蚂蚁，得到的信号是最微弱的。这个微弱的信号对接收者可以起到吸引作用，引导它向信息素的高浓度区域移动。甲基庚酮就像闪烁的红灯，似乎在说：“注意！有点不对劲儿！快过来看看！”随着蚂蚁向信息来源靠近，信息素的浓度会越来越高，它开始变得兴奋并开始四处搜寻出问题的地方。“救命！一个同伴遇到了麻烦。快点去它那里，向浓度更高的地方进发。”很快（通常是几秒钟），循迹而来的蚂蚁就到了陷入困境的同伴跟前并参与到这场争斗中去。栗红须蚁使用一种信息素表达出了相当于三个词语的意思。

一种蚂蚁能不能“读懂”另一种蚂蚁的语言呢？在

一些情况下它们是可以的，社会寄生性蚂蚁依靠这种能力让受害者为它们打开大门。其中一个例子就是我在特立尼达北部山区森林发现的一个树栖物种——查氏阿兹特克蚁（*Azteca chartifex*）。这种蚂蚁的蚁群规模非常大，它们用咀嚼后的木纤维建造巨大的蚁巢。成千上万的工蚁从蚁巢内涌出，它们沿着树枝，顺着树干向下行动，以丰富的植物和栖息在地面植被上的昆虫为食。

在特立尼达北部山区的一个自然保护区，我注意到了另一种和阿兹特克蚁一起行动的弓背蚁［后来被命名为尖角弓背蚁（*Camponotus apicalis*）］，它们体形稍大，颜色也有别于阿兹特克蚁。它们从自己的蚁巢中出来，沿着阿兹特克蚁的踪迹来到地表的觅食区域。实际上，这种弓背蚁在使用从阿兹特克蚁处盗取的信息，以此来占用它们的部分食物。阿兹特克蚁试图抓住这些弓背蚁，但这些入侵者过于强壮且行动迅速，阿兹特克蚁很难抓住和攻击它们。

蚂蚁是嗅觉的天才。狗辨别气味的能力几乎是无限的，但蚂蚁更胜一筹，它们知道如何更好地利用气味。蚂蚁依靠气味建立了文明，它们的大脑天生就会对气味做出反应。人类能更好地处理声音和视觉信号，赋予文字特定的意义，并以句子的形式将词语组合在一起，从而表达出一系列广泛的潜在的含义。

例如，蚂蚁可以将信息素和其他气味混合在一起创造出“原始语句”。觅食工蚁遭遇火蚁时，会立刻跑回蚁巢告知蚁群，释放警示信息素，就像在呼喊“紧急情况！有危险！”，然后，它会用刚刚在战斗时粘在自己身上的火蚁的气味表达“敌人”的意思，随后，它会转头沿着之前留下的气味踪迹跑回去，就像在说“这边，跟我走”。可以想象，此时空气中可能弥漫着另一种信息素，向那些即将投入战斗的蚂蚁暗示：“女王！女王！为了女王战斗到底！”

有没有一种可能，在过去 1.5 亿年的演化史中，蚂蚁和其他数千个物种已经演化出一种真正的语言？它们是否能像我们使用声音一样，通过释放不同频率和振幅的信息素脉冲创造词语？数学物理模型给出的答案是有可能，但实际上这种情况是极不可能存在的。气味脉冲和声音脉冲有本质的不同。在产生信息的过程中，也就是说，在用气味交谈时，必须在几毫米范围内控制信息素的释放和接收。

蚂蚁和其他无脊椎动物都太小了，它们的大脑也非常不发达，这些特点都不允许它们突破自身交流方式的极限。尽管如此，一般的社会性昆虫，尤其是蚂蚁，在成千上万现存的物种中，还是完成了其他几乎所有我们能想到的通过化学交流实现的创新。

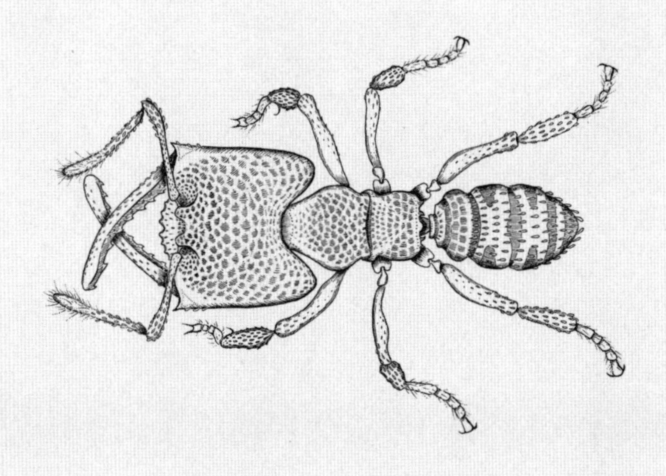

Chapter 13

第十三章

Ants Are Everywhere (Almost)

蚂蚁（几乎）无处不在

仲冬时节的华盛顿山山顶有着美国大陆最令人生畏的自然环境，其恶劣程度只有 7 月份的死谷（Death Valley）能与之匹敌。这座美国东北部最高峰位于新罕布什尔州总统山脉，海拔约 1 917 米。华盛顿山全年温度不稳定，冬天极其寒冷，频频出现零度以下的温度和飓风天气。

多年来，我开车去过两次华盛顿山寻找至少在最温暖的仲夏可能会出现在山顶的蚂蚁。我确实在山顶找到了它们，这些蚁群大多能在位于开阔地带被有限的阳光照射而变热的扁平岩石下生存和发展。分布在那里的三种蚂蚁在北极圈那样的高纬度地区也能被发现，它们分别是：广布弓背蚁、新红须蚁（*Formica neorufibarbis*）和马斯科细胸蚁（*Leptothorax muscorum*）。

后来，依然是在仲夏，当我在爱达荷州太阳谷参加一次文学会议时，我和朋友一起乘坐滑雪缆车越过森林上缘，一直到达山顶。我又一次置身于极寒的环境中，广袤的草甸上散落着矮小的树木。我们的探险小队仔细地寻找着，翻过每一块被阳光晒热的岩石，仔细观察每一根矮小的树干，终于找到了一个分布在寒冷地区的蚂蚁物种——广布弓背蚁。

与此同时，我收到了一名博物学者的来信，信中他告诉我，他和他的朋友准备在接下来的夏日里徒步穿越拉布拉多地区，问我是否想看看他们在路上可能遇见的蚂蚁。我热情地答应了。之后，他们告诉我一路上他们只看到过一次蚂蚁，在一棵矮树基部营巢的一个蚁群。不出意料，这种蚂蚁正是新红须蚁。

在过去的几十万年里，随着人类遍布世界各地，人类和数千种蚂蚁共同生活并在自然系统中定居下来。人类已经通过庄稼和行李偶然传播了数百种蚂蚁。尽管如此，蚂蚁在一个明显的方面始终显得有些无可奈何。它们十分不善于跨洋旅行。这一弱点的最主要证据是它们没能成功占领加拉帕戈斯群岛并在那里演化。与之形成鲜明对比的是，鸟类和爬行动物（大部分或全部来自南美洲）已经在加拉帕戈斯群岛定居下来，并对岛屿产生了巨大的影响。

达尔文雀是加拉帕戈斯群岛上生物适应性辐射的典型

代表。一对或一群达尔文雀设法飞到或者被暴风雨吹到群岛中的至少一座小岛上幸存下来并得以繁衍。在适当的时间，先锋种分化成两个或多个物种，其中的每个物种都保留了分化成更多物种的能力。之后它们为了适应不同的生态位，通过演化实现了特化。达尔文和其他生物学家的结论是，整个动物群是由单一的祖先繁衍出来的。在演化过程中，一些种类的喙适应了以昆虫为食，另一些种类的喙变得大而厚，可以取食不同硬度的种子。其中最有名的莫过于拟䴕树雀（别称啄木雀），这种鸟可以凭借本能折断树枝和硬刺，并使用它们挖出埋在树皮下的昆虫。爬行动物中，一些物种适应了传统的陆地生活，而另一些物种则潜入海中，以海底植物为食。

然而，没有任何一种蚂蚁发生分化并参与到这场壮观的演化戏剧中来。当我以厄瓜多尔政府科学顾问的身份前往加拉帕戈斯群岛，踏上自己的朝圣之旅时，我发现尽管蚂蚁随处可见，但它们几乎都是舶来种，源自非洲、亚洲热带地区或美洲大陆，它们隐藏在货物和行李中通过运输扩散到这些岛屿上，又以同样的方式从这里传播到世界的其他地方。

据我所知，只有一种弓背蚁是在加拉帕戈斯群岛独自演化出来的（未发生分化），就是威廉姆斯弓背蚁（*Camponotus williamsi*），名字来源于一名早期的探险队队长。这种蚂蚁显然是在岛屿上演化出来的，但是并没有分化出其他物种。

与鸟类、椰子和人类不同，蚂蚁特别不擅长靠自己穿越海洋。1967年，我和罗伯特·W. 泰勒出版我们的综合性专著《波利尼西亚蚂蚁》（*The Ants of Polynesia*）时，我们发现蚂蚁在当地昆虫群落中随处可见，即使在环礁上也是如此。但我们也发现了它们的不同寻常之处：它们中近一半的物种都是通过现代人类贸易扩散到太平洋地区的。更确切地说，太平洋岛屿上的蚂蚁是在过去的四个世纪中欧洲人来此定居时才出现的。罗托鲁阿东部、萨摩亚、汤加和新西兰似乎没有真正意义上的本土蚂蚁。相比之下，引入的舶来种一步步扩散到塔希提岛和社会群岛中的其他岛屿，然后再扩散到土阿莫土群岛和马克萨斯群岛，最后传播到夏威夷群岛，它们在当地环境中的优势地位也伴随着扩散进程不断巩固。

研究演化和环境的科学家对夏威夷的情况特别感兴趣。夏威夷已知有36种蚂蚁，隶属于21个属，其中29种是来自其他热带地区的舶来种。这些蚂蚁中没有一种是从岛屿上自行演化出来的本土物种。所有的36种蚂蚁似乎都是在偶然情况下通过人类的食物、家具和衣服扩散而来的。这一切很可能开始于两千年前乘坐双体船第一次踏上这片陆地的波利尼西亚人。

在檀香山毕晓普博物馆工作的著名昆虫学家埃尔伍德·C. 齐默尔曼（Elwood C. Zimmerman）在1970年指出，夏威夷是不受蚂蚁影响的，这对当地的生态环境起着重要的作用。他写道："夏威夷群岛构成了一个奇妙的自然实验室，在那里我们能观察到许多正在进行且处于早期阶段的演化现象，而且这些现象不受许多环境中可能存在的遮蔽效应的影响，通常呈现出一种可以明确界定的简化形式。"

在史前时代，蚂蚁并不是唯一未能靠自己在这些最偏远的岛屿上定居的生物。结果就是这些岛屿的生态系统极为不协调或不平衡。岛屿上没有本土哺乳动物、爬行动物和淡水鱼。这里的2 000多种本土高等植物仅仅是由275个祖先移居种演化而来的。就昆虫种群而言，岛上的约6 000种昆虫仅代表了昆虫界1/3的目。齐默尔曼曾调侃称："在夏威夷群岛的陆地历史上，每1万年到2.5万年，也许只有一种植物或昆虫作为祖先踏上夏威夷的土地。"

蚂蚁征服了大多数其他的生物世界，但这项壮举并不是它们靠自己完成的。也正是因为如此，我们才能有幸目睹在没有成群的蚁后和熙熙攘攘的蚁群存在时地球陆地环境可能的样貌。

在人类和蚂蚁抵达夏威夷前的数千年间，在夏威夷定居的那少许昆虫、鸟类和其他动植物比在其他群岛上可以更自由、更快速地演化，并且很多物种也确实做到了这一点。许多种群的物种数量都呈现出堪称爆炸式的增长，其中包括大蚊、豆娘、飞虱、叶蝉、跳蝽、胡蜂科 *Odynerus* 属的蜂、分舌蜂（colletid bee）和海波斯莫科马属（*Hyposmocoma*）的蛾子，在鸟类中，还有种类繁多的美丽夏威夷蜜旋木雀（drepaniid honeycreeper）。在一些类群中，夏威夷拥有的物种数量比世界其他地方物种数量的总和还要多。如今，人类和他们的入侵伙伴（尤其是蚂蚁）的共同活动减缓了岛上物种演化的速度。

19 世纪中叶前后，在野外和室内研究蚂蚁的热潮开始出现。经过几代人的努力，蚁学家们发现了 1.5 万多种现存的蚂蚁并将其分类，还从生物学的每个方面对每一种蚂蚁都进行了描述，因此得以更好地评估蚂蚁的演化以及蚂蚁对地球的影响。

在这个研究过程中，正如之前所提及的，我们发现蚂蚁并不善于跨海旅行。它们依靠人类活动扩散到距离遥远的岛屿上。然而，一旦抵达一个新的岛屿，它们便通过占据几乎所有类型的陆地生境显示出自身的创造力。它们钻入每一个可占用的巢穴，控制绝大多数可利用的食物资源，并在此过程中建立了一种节肢动物霸权，控制着从最高的树冠到最低的树根的每一层陆地空间。

和其他蚁学家一样，我经常想知道蚂蚁是否能在洞穴中定居，或者是否至少有一些蚂蚁生活在洞穴中。有足够可靠的理由让人相信这种情况是可能的。阴暗潮湿的土壤和岩石提供了理想的营巢条件，洞穴中大量的鸟粪可作为能量的来源。由地下水渗透形成的地下河流和水池也与洞穴的情况类似。蚂蚁在这些生境中扩散并没有多少困难，它们只需要爬行进入或跌落深处就可以了。

研究穴居生物的生态学家将其分为两大类。第一类被称作半洞穴动物（喜洞穴动物），它们喜欢洞穴，多数时间都生活在洞穴内，但也会外出活动。这时我们马上会想到穴居蝙蝠。在洞穴入口附近探索，我们会发现许多半洞穴动物进进出出，它们只是在这种中间过渡地带生存。昆虫半洞穴动物中最引人注目的是北美穴螽属（*Ceuthophilus*）的大型肉食性北美穴蟋螽。北美穴蟋螽的躯干具刺，下颚尖锐有力，它们白天享受洞穴的庇护，夜晚会外出寻找食物。

蚁学家们最感兴趣的是第二类，即全洞穴动物（真洞穴动物），它们已经特化并永久生活在没有任何外来光线痕迹的洞穴深处。蚂蚁能在这样的环境中生活吗？至少科学上已知的蚂蚁种类都非常适合在黑暗和潮湿的环境中生活。自 1 亿年前动物群出现在地球上开始，蚂蚁的分化繁衍就从未中断过，它们有数不清的机会将自己的群落和基因扩散到黑暗世界中去。

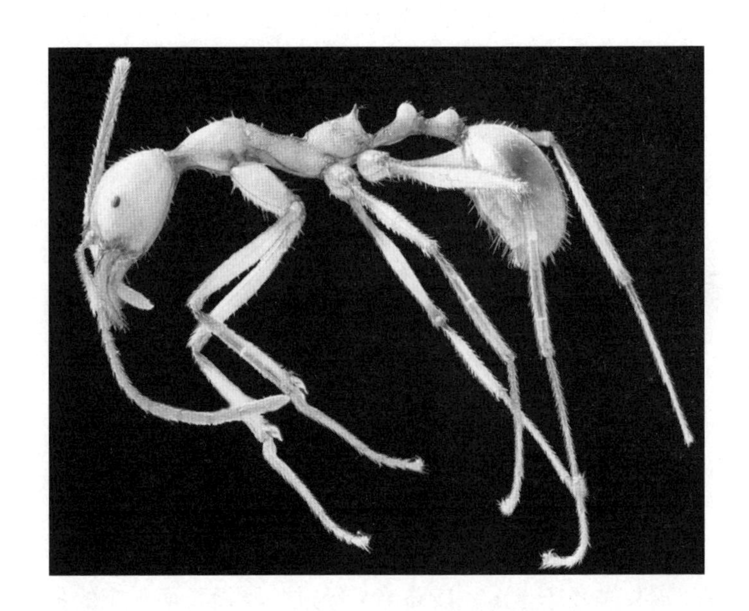

◆ 那贺武和丸山宗利描述的戈氏盘腹蚁，来自冲绳岛一个石灰岩洞穴，可能是一种真正意义上的洞穴蚁

1922 年，威廉・莫顿・惠勒，前哈佛大学昆虫学教授兼比较动物学博物馆昆虫馆馆长，收到了生态学家 F. M. 乌里希从特立尼达岛的油鸱洞穴（Guacharo Cave）采集到的蚂蚁。这个洞穴现名奥罗波希洞穴（Oropouche Cave），在其深处生活着油鸱，如同穴居蝙蝠的一种鸟类。惠勒观察到这些蚂蚁通体灰白，复眼小，身体上长着长刚毛。他根据这些形态特征推断这种蚂蚁应该是特化完全、专门生活在洞穴深处的穴居动物。惠勒把这种蚂蚁正式定名为乌里希洞穴蚁（*Spelaeomyrmex urichi*）。现在，这种蚂蚁正式的昆虫分类学名称是乌里希盲切叶蚁（*Carebara urichi*）。

40 年后的 1962 年，当时我和我的妻子艾琳住在新阿萨莱特自然保护区。我决定亲自去看看乌里希洞穴蚁，这种机会是不容错过的。

我先开车走了一段路，又经过一段漫长而艰难的步行，徒步穿过森林和可可种植园，最终到达了洞穴的入口。虽然我一身疲惫，又因为轻微的幽闭恐惧症感到紧张，但想到即将看到真正的新东西，一种兴奋感油然而生。奥罗波希洞穴是奥罗波希河的源头，一条几米宽的清澈溪流从洞穴后部流出。洞穴内大部分裸露的地表被定居在洞穴顶部的油鸱排出的粪便所覆盖。洞口附近的昆虫和其他节肢动物数量丰富且种类繁多，包括几种蚂蚁、弹尾虫、穴居蟋蟀、蠼螋、小型蝇类和螨类。在这里我看到的动物都是半洞穴动物，是一些在洞穴入口外也可以看到的种类。

在距离洞口大约 15 米的地方，我彻底步入了黑暗。洞穴长两三百米，有五个大弯。往洞穴深处走去，节肢动物种类逐渐减少，最后只剩下长角跳虫、缨尾目和等足类。在洞穴的最深处，洞顶距离溪流表面不到一米，通道向后继续延伸了 20 米。一路上，我遇到了几个乌里希洞穴蚁的蚁巢。为了做进一步研究，其中一个蚁巢被我挖出来放进罐子里带回了实验室。

几周后，我和艾琳从特立尼达和多巴哥搬到了苏里南的首府帕拉马里博，此时苏里南正处于它作为荷兰殖民地的最后一段时间。我乘车前往周围的热带森林和草原，尽情观察南美大陆极其丰富的蚂蚁类群。有一次，在伯纳德斯多普（Bernardsdorp）的原住民村庄工作时，我剖开了一根腐朽的巨大原木，这块原木是一个藏有蚂蚁、其他昆虫和多种多样的蛛形纲动物的宝库。当我扯开一大块腐烂的树皮时，我发现了一群乌里希洞穴蚁。

这附近没有洞穴。因此在油鸱洞穴遇到的蚂蚁应该是半洞穴动物，一种能够在洞穴生活的林地物种，而不是全洞穴动物。我认为，蚂蚁作为一个整体还不能算已经真正征服洞穴这个独特的环境，就像它们在最干燥的沙漠、最高的树冠以及最冷的无冰栖息地做到的那样。

又过了40年，依然没有证据表明全世界的任何地方存在真正意义上的穴居蚂蚁。然后，亚洲的两个独立团队发现了可作为全洞穴动物候选者的两个蚂蚁新物种。它们的学名拗口难读，一种是分布在老挝的甘蒙细颚猛蚁（*Leptogenys khammouanensis*），另一种是分布在冲绳岛的戈氏盘腹蚁（*Aphaenogaster gamagumayaa*）。

这两种先锋蚂蚁都仅在洞穴深处被发现过。它们通过充足的蝙蝠粪便获取营养，洞穴内的蜘蛛和其他节肢动物也可能是它们的猎物。它们的适应性变化具有深穴动物的典型特征：身体细长，附肢延长，复眼退化，色素沉着缺失。

高山之巅、无冰的亚极地草原和洞穴是蚂蚁最后的栖息地边境。经过1.5亿年的演化，蚂蚁已经在洞穴内获得了立足点（准确说是立跗点*），或许在未来会有更多的先锋种被发现。

---

* 蚂蚁足的末端结构被称为跗节。——译者注

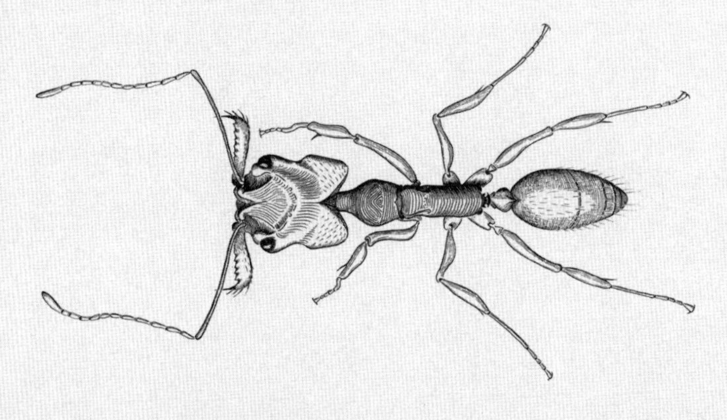

Chapter 14

第十四章

Homeward Bound

回家的路

巨大的红黑相间的二色箭蚁（*Cataglyphis bicolor*），用细长的腿在北非最热的沙漠盐田和地中海北岸奔跑着。它们中的一些觅食工蚁通过舔舐植物表面可食用的分泌物为蚁群带回食物。一些觅食工蚁作为女猎手，猎捕任何它们能够击败的昆虫、鼠妇和其他生物。还有一些蚂蚁甚至以比自己弱小的同类作为猎物。炎夏时节它们还会变成拾荒者，在被烈日炙烤的土地上拾取死于酷热和干燥的动物的尸体。

外出寻找食物时，箭蚁属蚂蚁通常会远行至离蚁巢百米之外的地方，这相当于人类徒步行走好几千米。蚁巢的入口通常只是一个裸露在地表的洞，由洞口向下扩展成一个由许多蚁室和地道组成的“大都市”。回家的路上，觅食蚁通常满载着为蚁群找到的食物，寻找沙漠表面的一个小洞。这个过程需要一系列堪比人类探索者的认知活动。正如瑞士苏黎世大学昆虫学家吕迪格·魏纳（Rüdiger Wehner）和他的合作者们在他们毕生的卓越研究中所提及的，箭蚁属蚂蚁在寻找回家之路时极具创造力地将一系列本能行为和令人印象深刻的地形学知识结合在了一起。

与我们看到的情况相反，在看似毫无特色的天穹中到处都是对箭蚁属女猎手们可用的地理信息。首先，尽管它们没有可以用来确定角度和方位的摩天大楼和桥梁，但这里有随处可见的岩石、灌木和泥坑。像我们熟知的蜜蜂一样，它们可以凭借阳光直射产生的路标通过航位推测法进行导航。苍穹之下遍布由偏振光的空间梯度、光线的光谱组成以及辐射强度形成的线索，而这些信息对人类几乎是不可见的。

漫步在蚁巢外的箭蚁属工蚁通常情况下都能准确判定自己所处的位置。当它们决定返回巢穴时（比如满载猎物或夜幕将近时），它们不需要爬到高处寻找地标，也不需要来回跑动，寻找之前遗留的气味踪迹。它们会笔直地跑回蚁巢，进入洞口。

有时，蚂蚁的直行路线也会错过入口。然而，它们并不会完全迷失方向，它们知道自己走了多少路，也会意识到自己的错误。

通过一系列独创的实验，魏纳和他的同僚曼德扬·V. 斯里尼瓦桑（Mandyam V. Srinivasan）发现了蚂蚁修正自己错误的方法。他们是这样描述的：

> 如果归巢途中的蚂蚁（二色箭蚁）发现自己迷路了，它们不会随机游走，而是会采用一套模式化的搜索策略。搜索的过程中，蚂蚁会沿半径不断扩展的环形路线前行，这些环形路线始于和终于原点，指向不同的方位角。这一策略确保了巢穴最有可能所在的中心区域得到最深入的探索。

经过一个小时的持续搜索，蚂蚁的搜索路径所覆盖的面积大概有 1 万平方米，其环形线路精确地以原点为中心。从现有的证据来看，在自然界中，我们很少会发现真正迷失方向的箭蚁。

有一次，在我知道箭蚁的归巢方法之前，当我在亚马孙雨林迷路时，我也采用过类似的方法寻找回家的路。那是我在马瑙斯北部的一个世界野生动物基金会基地时发生的事情。我被当地原始森林里丰富多样的物种和营地里一只烦人的宠物鹦鹉分了神。它喜欢落在我身上，用爪子钩住我的肩膀。当我走进森林深处时，我突然意识到自己迷路了。我不能随机选个方向径直走下去，盼着这样能看到

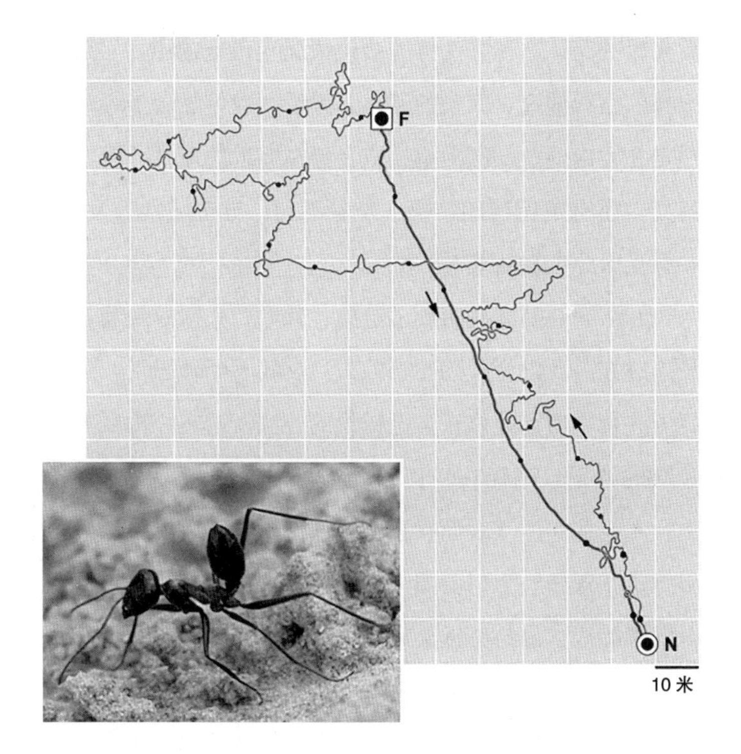

◆ 沙漠蚂蚁强箭蚁（*Cataglyphis fortis*）的一只工蚁，离开蚁巢（N）后，腹部向上抬起并快速奔跑，沿着一条摇摆不定的线路寻找食物（F）。它可以沿直线返回蚁巢（来自 Rüdiger Wehner, *The Desert Navigator*, 2020）

我来时的路，这种方法可能会使情况变得更糟糕。如果我选择的路线偏离了回家的路，几天后，我可能会步履蹒跚地走在委内瑞拉的湿地里，或者停在遥远的亚马孙河沿岸某处。还有更糟糕的结果：坐着不动，等待被别人发现，并忍受由此带来的羞辱。

有那么一瞬间我感到了绝望，就像一只箭蚁发现自己长途跋涉后并没有找到回巢的入口。我不断地思考，最终找了一种类似箭蚁修正自己错误的方法。选定一根巨大且显眼的树干，确保在任何角度都可以看到它。围着它行走，并记住它的下表面在视野中的位置。然后继续围绕树干行走并逐步扩大每一圈的行走直径。简而言之，走一条对数螺旋线，最终必然会和回去的路产生交叉。这种方法对我有用，对你也一定有用。

一些蚁学家经过数十年的研究，发现其他一些蚂蚁也拥有至少和箭蚁一样高明的定位方法，威尔逊的对数螺旋法自然是比不上的。

我认为这些策略中最令人钦佩的是由伯特·霍尔多布勒（Bert Hölldobler）发现的树冠测绘行为。他在肯尼亚雨林研究蚂蚁期间发现大型捕食性蚂蚁扁头枪盾猛蚁（*Paltothyreus tarsatus*）的工蚁在觅食过程中有一种奇怪的行为。这种蚂蚁独自漫步在雨林地表寻找食物时，会时不时停下并抬头向上观望，就像是在检查天空或树冠。它是

◆ 南澳大利亚的哈特湖，奥博负蜜蚁（*Melophorus oblongiceps*）的栖息地。这种澳大利亚蚂蚁相当于生活在北非的一种盐田蚂蚁，即强箭蚁（来自 Rüdiger Wehner, *The Desert Navigator*, 2020；吕迪格·魏纳摄）

◆ 由 BBC（英国广播公司）支持的绿伞团队在突尼斯的迈赫赖斯附近研究蚂蚁的导航定位期间，在这个平台上拍摄了关于箭蚁导航的影片（来自 Rüdiger Wehner, *The Desert Navigator*, 2020；吕迪格·魏纳摄）

通过发现天空或树冠的某些东西，或两者皆有，来确认行走方向的吗？霍尔多布勒通过一项实验（关于蚂蚁的最非凡的野外和室内实验之一）找到了答案。首先，他以地面向上观察的垂直视角对雨林树冠进行了拍照。然后，他采集了一巢枪盾猛蚁，带回了位于哈佛大学的实验室。他把蚁群安置在人工蚁巢里，临近蚁巢的觅食区可供蚂蚁寻找食物，觅食区的顶部安装了透光的屋顶。然后，他把在肯尼亚雨林拍下的树冠照片覆盖在屋顶上。

接下来，霍尔多布勒让枪盾猛蚁在这片变了样的区域觅食，它们可以在这里寻找食物并把食物带回人工蚁巢。它们会用树冠照片寻路吗？霍尔多布勒推断，如果蚂蚁确实会用照片寻路，他只要以一定的角度旋转屋顶，观察蚂蚁是否会以同样的方式和角度改变行进路线就可以了。他这样做了，而蚂蚁也正如他推断的那样改变了行进路线。简而言之，这个属的蚂蚁具有学习和使用地图的能力。

我想，归巢准确率对蚂蚁生存的重要性要远高于研究者之前所推断的，大部分蚂蚁归巢时采取的策略也远比我们所猜测的要复杂。它们只经过一次实验，就能了解气味中哪怕很细微的差异和地图上的复杂图案，并且可以长期记忆这些信息，在一些情况下这些记忆甚至伴随它们一生。

在多年的研究中，蚁学家们发现蚂蚁在离巢觅食时每分每秒都能感受到大地上不断变化的气味，这一点并没有逃过蚁学家的注意。吕迪格·魏纳和他的同僚已经证明，箭蚁属沙漠蚂蚁拥有丰富的视觉思维。箭蚁和其他蚂蚁对它们跗（足）下的气味或许有同样敏锐的感知，这从逻辑上讲是很有可能的。

为此，我和伯特·霍尔多布勒发现切叶蚁可以将一种信息素混合进泥土并借此确定蚁巢的位置。我们还检验了另一位研究者的理论，这种理论认为蚂蚁身上的蚁群气味源自工蚁柄后腹最后一节末端的腺体。我们发现了这种腺体会分泌一种或多种信息素的证据，但其中的物质是吸引工蚁到蚁巢入口的引诱剂，并不是蚁群气味的一部分。

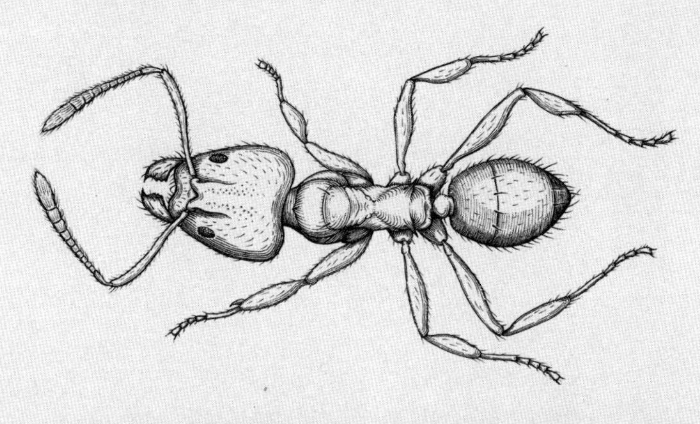

Chapter 15

第十五章

Adventures in Myrmecology

蚁学历险

世界上存在大量已知但仍未被研究的物种，这是博物学研究的乐趣之一。在自然界1.5万多种蚂蚁中，有少数物种在外部形态上具有独特的特征。对研究人员（包括资深昆虫学家和学者）来说，这便是亟待解决的科学问题。为什么它们被造成这样？它们的目的是什么？它们在其栖息的生态系统中扮演了什么角色？在我写这本书的时候，我仍然在进行实地考察，并鼓励其他科学家也这样做。我们始终致力于解决这样或那样的谜题。

例如，在自然界丰富多样的蚂蚁中，有一毒针类（dacetine）蚂蚁，它们大多数都非常小，并且有很长的上颚，像弹簧夹一样会合在一起。它们在温带森林的落叶层和土壤中成群栖息，就像在热带雨林中那样。当我还在亚拉巴马大学读本科的时候，我就开始研究它们猎物的特征。为什么它们使用弹簧夹一样的上颚，而不是简单老式的蚂蚁上颚？我很快就得到了答案：毒针类蚂蚁的主要猎物是弹尾虫（也叫跳虫），它们即使受到轻微干扰，也能立即高高跃入空中躲开捕食者。在南美洲的热带雨林中有一种相对较大的毒针蚁，名为武装毒针蚁（*Daceton armigerum*），解剖学特征表明它与它的小型亲属亲缘关系很近。当第一次有机会前往苏里南的毒针蚁王国时，我在森林里找到了一个可供研究的毒针蚁蚁群，并得到了关于这个毒针蚁界的“哥斯拉”的答案。它们的蚁群在枯死腐烂的树枝中筑巢，工蚁用传统的颚和刺来捕捉各种较大的昆虫猎物。在中生代的某个时刻，在其他毒针蚁的演化过程中，美洲陷阱颚蚁和世界范围内的小型狩猎蚁出现了。

在多次探险中，我有成功也有失败。最令我满意的成功是我重新发现了最后幸存的原臭蚁（aneuretine ant）。这些与众不同的昆虫，不同到可以构成一个完整的分类亚科，即原臭蚁亚科（Aneuretinae）。由于它们在中生代化石里大量出现，长期以来人们一直认为它们已经灭绝了。然后，19 世纪后期，在斯里兰卡（当时被称为锡兰）佩里德尼亚花园（Peridenya Garden）中采集到了一个现存物种的两个标本，被命名为西蒙原臭蚁（*Aneuretus simoni*）。

对一个年轻的野外生物学家来说，斯里兰卡的原臭蚁

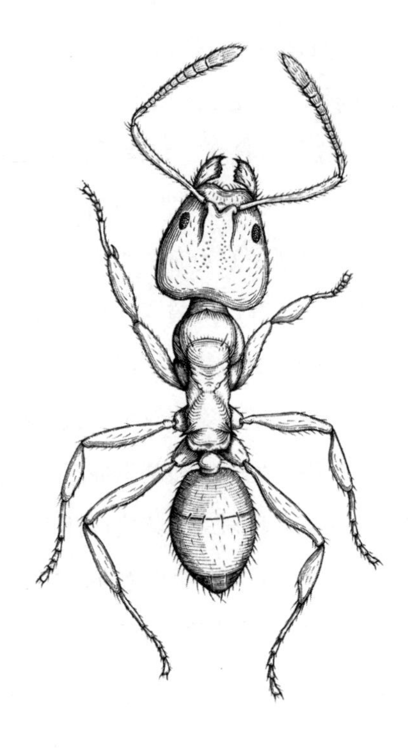

◆ 来自斯里兰卡吉利马尔雨林的西蒙原臭蚁工蚁。该蚂蚁隶属于原臭蚁亚科，在中生代晚期非常繁盛，但在威尔逊于斯里兰卡发现该种群之前一直被认为已经灭绝（克里斯滕·奥尔绘制）

是首要目标。它在分类学表中独立的亚科分类阶元表明它具有独特的自然发展过程。关于它的任何发现都是有价值的。此外，原臭蚁的收藏极为罕见，这表明科学家们需要加快对它的生物学研究和保护。

1955 年，我去往斯里兰卡，彻底搜索了佩里德尼亚花园，但并没有找到原臭蚁。在附近的国王花园的林区也是如此。然后我去了该岛南部的拉特纳普勒，在那里，我发现了一个原臭蚁蚁群。在吉利马尔附近的雨林中也发现了大量原臭蚁。

另一个成功破解蚂蚁研究谜团的故事主角是所有属中最奇怪的一类蚂蚁，奇猛蚁属（*Thaumatomyrmex*），意思是“奇迹蚂蚁”。工蚁体形中等大小，身体的中、后部与常见的蚂蚁无异，但它的头部就像是六足动物的某个恐怖秀。每个上颚的形状都像个干草叉，都由一个扁平的基部和末端的一排长刺组成。当上颚闭合时，尖刺会相互交错。然后尖刺会从侧面绕着头部弯曲，尖端在头的后部交叉。

这种奇怪的生物究竟用它强大的武器来捕捉和取食什么呢？这是一个严肃的科学问题，而不仅仅是一声感叹。我决定搞清楚。我知道，最好的办法是找到带着猎物返回巢穴的觅食工蚁。但奇猛蚁的工蚁是野外最稀有的蚂蚁。我只收集到两只，一只在古巴，一只在墨西哥。并且两只都没有携带猎物。

于是，我决定竭尽全力去寻找更多的蚂蚁，并跟随它们回到它们的巢穴。哥斯达黎加的拉塞尔瓦是热带研究组织（Organization for Tropical Studies）的主要野外研究站，因为其他研究人员在此地的森林里采集到过奇猛蚁的标本，所以我决定在那里花一整周的时间来揭开这个谜团。我走在小路上，穿过各种各样的植被，专注于我唯一的目标。我看到了许多其他种类的蚂蚁，但没有一种是奇猛蚁。然后，我在绝望中踏上归途，在《地下笔记》（*Notes from Underground*）中呼吁我在美洲热带地区工作的专家同事们注意奇猛蚁，共同努力来发现这种环绕式干草叉上颚的意义。

这篇文章起作用了。两名巴西人，豪尔赫 · L.M. 迪尼茨（Jorge L. M. Dinitz）和卡洛斯 · 罗伯托 · 布兰当（Carlos Roberto F. Brandão），发现了一只捕有猎物的奇猛蚁，并追踪到它的巢穴。后来，克里斯蒂安 · 拉贝林（Christian Rabeling）在哈佛大学做博士后研究时加入了我的工作，他也发现了一只携带猎物的奇猛蚁工蚁，并给它拍了照片。

谜团终于解开了。在这两个例子中，工蚁都携带着毛马陆类千足虫（polyxenid millipede）。毛马陆是千足类中的豪猪；它们柔软的圆柱形身体上覆盖着浓密的刚毛，能够抵御大多数捕食者。奇猛蚁的捕猎工蚁，利用它们上颚干草叉样的锐齿穿过刚毛并刺穿毛马陆。当猎物被送到蚁群时，奇猛蚁表现出另一种适应性，这是我们此前都没有注意到的。它们的前肢上有粗糙的垫子，用来擦除千足虫的刚毛。然后，蚁群取食剩下的柔软身体。

是否还有其他类似的值得特别关注的种类？有很多。我再举三个我最喜欢的例子。首先是科尔桑氏蚁（*Santschiella kohli*），通过在加蓬和刚果民主共和国的中非雨林中采集到的几只工蚁就可得知，这是一种极其罕见（至少是神出鬼没）的物种。工蚁拥有巨大的眼睛，按比例来说是所有蚂蚁中最大的，几乎占据了头背部表面的一半，复眼面积太大，以至于将触角的连接处挤到了眼睛正前方，而在其他所有已知的蚂蚁中，都不是这样的。从逻辑上讲，桑氏蚁是树栖的，生活在树或灌木的上层，但这种假设还远不能确定。另一个与桑氏蚁类似，且同样具有巨大眼睛的物种是南美热带雨林的原生物种巨眼蚁（*Gigantiops macrops*）*，它们在地面上枯枝的空腔中筑巢。

那么桑氏蚁的大眼睛有什么意义呢？是用于更好地躲避捕食者，还是用于在白天的行进中追捕猎物？抑或是用于一种尚未被发现的视觉交流行为？再者，像许多沙漠蚁

---

* 这里可能是指破坏巨眼蚁（*Gigantiops destructor*）。——译者注

一样，更好的视力也许能让它们进行远距离导航。

野外蚁学研究的另一个主要目标是行军蚁中的齿爪蚁（*Cheliomyrmex*），这是新大陆热带地区一种相对罕见的蚂蚁。从解剖学看，它是行军蚁中最原始的物种（被归在游蚁亚科中*），也是研究最少的物种。就算终于发现了蚁群，其地下习性也使得在森林栖息地中追踪它们变得极为困难。但是，在这方面付出的努力所取得的任何成功都将在科学上得到很好的回报。游蚁类行军蚁作为一个整体，其独特之处不仅在于拥有复杂的生活史，在它们所居住的环境中，尤其对昆虫和其他节肢动物来说，它们还是最重要的捕食者之一。

---

* 现在游蚁亚科（Ecitoninae）被整体划入了行军蚁亚科。——译者注

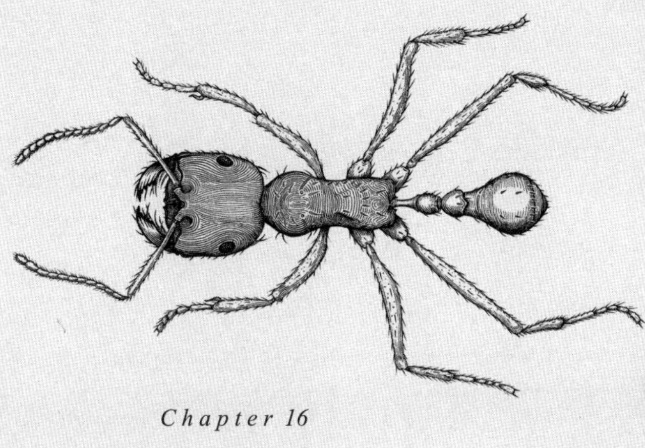

Chapter 16

第十六章

The Fastest Ants in the World, and the Slowest

世界上最快和最慢的蚂蚁

地球上成千上万种蚂蚁中的每一种都有一个叫作“节奏（tempo）”的特征，实质上就是工蚁阶层平时生活的速度。一些物种需要捕猎食物，筑巢，照顾蚁后，它们的快节奏生活近乎疯狂，而另一些物种则可能几乎处于不动的状态。它们之间差异巨大。但即便如此，两者都能完成任务。

节奏无论快慢，都是与物种所生存的环境相适应的。为了展示快节奏以及它在达尔文学说上的意义，我推荐一个可以在西印度群岛大多数海滩上进行的实验。随便选择一个地方（我喜欢在棕榈树的底部），放上一团甜的或油腻的食物，然后在附近休息一会儿。大约一小时后，检查这个诱饵，它们可能会被一群喜欢沙滩的杰氏大头蚁

（*Pheidole jelskii*）的工蚁挤满。快速移动的工蚁率先到达，在取食诱饵片刻后，会有一堆工蚁姐妹加入进来，有刚刚抵达的，也有刚刚吃饱并跑回十多米外的巢穴的。蚂蚁们似乎都很疯狂，好像这个发现阻止了它们世界的终结。

现在我们转移到海滩的另一区域，寻找这一物种单独活动的工蚁。它们可能是侦察蚁。当发现一块太大而不能带回家的食物碎片时，工蚁会沿着一条几乎笔直的线路奔跑，并在途中留下气味痕迹，以便让它的同伴行动起来。许多工蚁得到信息后会冲向新发现的食物。发现食物的蚁群将拥有它。

杰氏大头蚁是一种快节奏的蚂蚁。它遍布于海滩、农田、飞机跑道和其他相对裸露的环境中。它在这些栖息地无处不在，并在激烈的竞争中一直保持如此。这证明节奏在某些栖息地很重要。对某些物种来说，快节奏是制胜的法宝。

地球上速度最快、节奏最强的蚂蚁，很可能是速蚁属（*Ocymyrmex*）的工蚁和奇怪的拟工蚁的蚁后。其已知的 34 个物种的分布范围覆盖了非洲东部和南部的大部分地区。它们喜欢最热、最开放的环境，在那里它们可以取食被高温杀死的昆虫和其他节肢动物的尸体。

速蚁属蚂蚁拥有类似赛车的构造。它们的身体呈流线型，非常长的腿由粗壮的基节驱动。上颚狭窄，闭合时紧贴头部。身体上的气门，也就是用来交换空气的孔，也特别大。

箭蚁是蚂蚁中的高速马拉松运动员，它们能在沙漠中快速地行进很长一段距离，而速蚁则是速度更快的短跑运动员。

2015 年，在我来到莫桑比克的时候，我第一次近距离观察了这种最嗜热、节奏最快的蚂蚁的蚁群。我和一小群人一起乘坐直升机从戈龙戈萨国家公园（Gorongosa National Park）前往赞比西河三角洲。在那里，我研究并采集了沿海的红树林中的蚂蚁。在返回戈龙戈萨的路上，我们在一个内陆森林的车站下了车，这里是一个利用稀有木材生产优质家具的农场。

快到中午的时候，我走到一个被烤热的泥滩上。那里可能是农场里最热的地方，空气热得令人窒息。在那里我发现了一窝速蚁，它们仅有一个通往由蚁室和地下蚁道组成的地下系统的入口。工蚁们在入口处进进出出，有的跑了不知道多少距离，有的在扩大巢穴内部。

我决定从这个蚁群采集一些标本，保存在哈佛大学的标本库中。这些蚂蚁至今都是我在世界上所有地方采集过的所有物种中最难捕捉的。首先，蚁巢周围的地面对我的手指来说就像烤箱一样滚烫，我很难把注意力集中在细节上。移动的蚂蚁就像煎锅里嗞嗞作响的水滴，甚至连眼睛

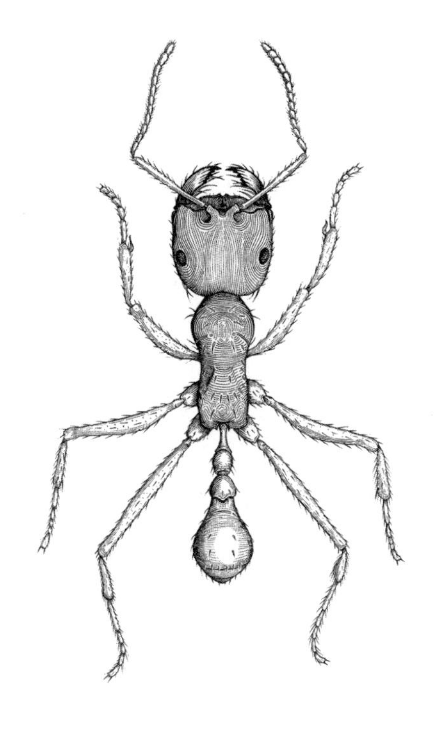

◆ 光泽速蚁（*Ocymyrmex nitidulus*）的工蚁，被认为是相对于体形而言跑得最快的蚂蚁，来自莫桑比克赞比西河附近（克里斯滕·奥尔绘制）

都难以追踪。

尽管如此，我还是坚持要收集速蚁。我左手拿着装样本用的一小瓶酒精，右手拿着我最喜欢的尖头工具杜蒙特5号镊子，试图抓住那些至少有几秒钟慢了下来的工蚁。我很擅长从一群蚂蚁中揪出蚂蚁，但是，在这场抓捕速蚁的挑战中，我一只也没抓到。如果我用力过猛，目标蚂蚁就会被弹到我够不到的地方，随后钻入巢穴。后来，我弄湿了镊子伸出去的部分，扫向一群正在奔跑的蚂蚁，试图将一两只蚂蚁粘在上面。这对大多数蚂蚁是可行的，但对速蚁行不通。

到这个时候，高温已经让我无法忍受了，蚂蚁们却似乎泰然自若。但我下定决心要把标本带回哈佛。所以，在绝望中，我一直等着，直到几只速蚁在差不多同一个空间里飞速移动，我打开手掌拍向它们。我想，有残破的蚂蚁做标本总比什么都没有强。尽管效果不佳，但这招奏效了。

现在，为了展现蚂蚁世界中节奏的整体范围，我们有必要离开非洲，前往中南美洲，世界上最慢最脏的蚂蚁角窝蚁（basicerotine）的产地。角窝蚁是世界上研究最少的蚂蚁之一，我们对它们的了解十分有限。它们在热带森林中被发现，通常被称为“隐匿者”，在生态学词汇中，这意味着隐居，捕食者和科学家都很难找到它们。

1984 年，我的密友兼合作者伯特·霍尔多布勒和我来到了哥斯达黎加和位于拉塞尔瓦的热带研究组织野外研究站。为了完成我们的目标之一，我们研究了一种相对常见但难以捉摸的森林蚂蚁曼氏角窝蚁（*Basiceros manni*）。我们还能够将蚁群带回哈佛做进一步的研究。

几乎在所有方面，角窝蚁都与神经紧张、高速的速蚁截然相反。它们体形中等，工蚁靠伪装而不是速度生存。它们不透明的棕色外表与它们居住于其中的落叶和霉菌的颜色非常匹配。在不受打扰时，它们行走缓慢。当翻动叶子或树枝落在地上，导致其暴露在外时，它们会定住，并且能在几分钟内保持静止不动。角窝蚁的工蚁很难被发现，所以当蚁群露在树叶和土壤中时，我们只能依靠白色的卵和幼虫找到它们的巢穴。

与大多数蚂蚁不同，角窝蚁的工蚁是伏击型捕食者。它们不追捕猎物。角窝蚁会慢慢潜近，或者等待猎物慢慢靠近到足以让它们猛扑、攻击和抓捕的区域。角窝蚁是判断力大师。它们的节奏可能是蚂蚁物种维持生存所需的最慢节奏。

霍尔多布勒和我很快了解到，它们的体壁并非仅是像泥土，可以说它们就是泥土。角窝蚁的身体上覆盖着盘绕的羽状毛，这些毛能有效收集灰尘和其他细小的碎屑。它们变成了行走的垃圾箱。

这种独特的伪装技术让我们在哈佛大学观察到了一个匪夷所思的结果。我们把活的角窝蚁蚁群带回并安置在石膏制成的巢穴中，用无翅果蝇饲喂它们。几周之内，角窝蚁脱落掉了大部分由土壤和腐殖质形成的“外套”，并用细小的石膏颗粒取而代之。我们无意中创造了第一种纯白色的角窝蚁。

从某种意义上说，蚂蚁打败了我们。它们凭借本能的行为和缓慢节奏，再次变得几乎隐形，而这次是在实验室里。

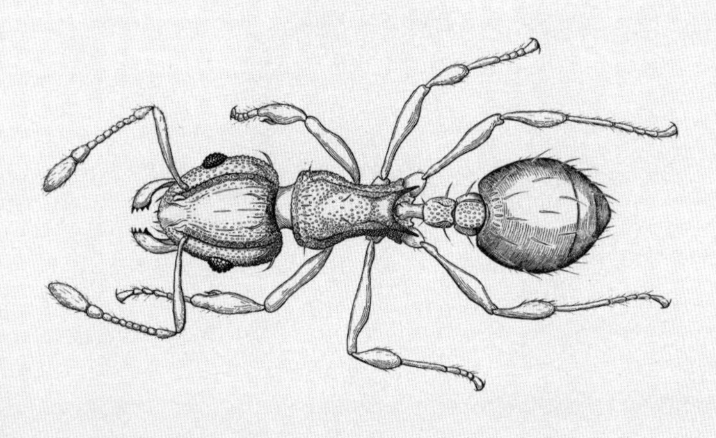

Chapter 17

第十七章

Social Parasites Are Colony Engineers

蚁群工程师——社会性寄生物

在 1.5 亿年的演化过程中，捕食者和寄生者通过似乎无穷尽的入侵技术和骗局来利用蚂蚁群落。几乎任何可以在节肢动物生物学范围内想象到的装置都被用来欺骗某些可怜的蚁群。

蚁群是由大量互相合作的蚂蚁、它们建造的巢穴和收集的食物组成的。这是一个一触即溃的小生态系统，看起来像是专门为寄生者设计的。寄生者成功的法则很简单：成为一名工程师，渗入组织相对简单的蚁群重地，并将它转变为自己的有利条件。蚂蚁很容易被愚弄，毕竟，它们只是昆虫，依靠这些容易被利用的本能生存。

这种依靠本能的一个例子是小型露尾甲（*Amphotis marginata*）偷窃欧洲蚂蚁亮毛蚁（*Lasius fuliginosus*）的食

物。在外出觅食时，蚂蚁经常通过反吐的方式来分配它们摄取的食物。为了引发此举，一只蚂蚁会用它的足轻拍另一只蚂蚁的上唇，即覆盖在口上面的板状结构，相当于我们人类的上嘴唇。收到来自姐妹信号的蚂蚁通过反吐给它们一滴液体作为回应。在实验室，霍尔多布勒用人类的头发轻拍它们上唇也能得到同样的反应。大概任何这样的轻触都可以。

露尾甲站在毛蚁队列旁，靠熟练地轻敲上唇为生。受到这种刺激的工蚁通常会被骗出一滴液体，并把它夹在张开的上颚之间，露尾甲就趁此时吸食液滴。

蚂蚁是所有昆虫中最警惕和最具攻击性的一种。欺骗蚂蚁很容易，但也很危险。寄生者若能获得一种中性体味甚至对宿主蚁群有吸引力的体味，就会变得更加安全。然后，蚂蚁要么无视它们，要么执拗地把它们带回家，就像它们把需要帮助的姐妹带回家一样。

一旦安营扎寨，这些身披伪装的入侵者就会为了自身生存和繁殖本能进行不计代价的破坏。根据蚂蚁的种类不同，它们或以宿主带来的食物为食，或与觅食蚂蚁一同出行，亲自寻找食物。它们可能以从宿主那里索取的液体食物为生，或者舔舐它们身体的营养油脂分泌物。它们也可能会吃在巢穴中死去的蚂蚁的尸体。最后，它们还可能以蚁群中未成熟的成员为食，这堪称节肢动物的恐怖故事。

适应性最好的寄生者所策划的阴谋诡计，即使以人类工程师的标准来衡量，也是巧妙而精确的。在行军蚁的寄生者中可以找到一些最极端的例子。在纽约和其他大城市中，在贪婪的食肉动物组成的庞大群体、多层的宿营地和堆积的垃圾场中都找到了它们的对应物。康涅狄格大学的卡尔·雷滕梅尔与西奥多·施奈尔拉一起对行军蚁的生命周期进行了开创性研究，他们是最先对这个昆虫世界的城市学进行详细探索的人。

正如我前面提到的，雷滕梅尔发现了许多用于和蚂蚁共同生活的精妙适应方法。有些手段极端到了离奇的地步。比如衣鱼（缨尾目昆虫），它们就像我在职业生涯开始时研究的泥沼甲一样，骑在蚂蚁的身体上，以蚂蚁的油性分泌物为食。有一种微小的阎甲骑在成年蚂蚁身上，不是为了舔它们的身体，而是为了偶尔跳下来吃蚂蚁的幼虫。

更奇怪的是螨的生活方式。螨是蜱类的微小亲戚，在演化过程中处于特化的边缘。就像前面提到的，其中一种将自己附着在兵蚁军刀式上颚的内表面。另一种是钱包形状的，利用它的身体形状夹住兵蚁触角的基部。第三种，以它的发现者的名字命名的雷氏巨螯螨（*Macrocheles rettenmeyeri*），在我看来完全是一种奇怪的东西。它紧握蚂蚁后足的末端并吸食它们的血液，为了减少它对兵蚁的拖累，它们会用自己的身体充当被自己致残的蚂蚁足的替代品。或许我们可以称它们为行军蚁［悦人游蚁（*Eciton dulcius*）］的假肢捐助者。

除了通过结构上的创新利用蚂蚁之外，还有一种更强大的技术装备，它可以通过改变受害者的行为，特别是社会行为，获得对它们身体的控制。其理念（如果我能说这是“理念”的话）是充分扭曲宿主的本能行为，让寄生者，而不是受害者，得以更好地生存和繁殖。这些以蚂蚁为受害者的诡计，使用者有各种虫草菌、寄生虫（寄生性蠕虫、线虫）和其他社会寄生性蚂蚁。

最常见的行为转变是高位探寻（elevation seeking），或者说“登顶”（summiting），这样当寄生者的后代从宿主体内孵化时，它们可以传播得更远，感染更多的宿主。莎莉萨·德·贝克（Charissa de Bekker）和她的同事在对社会操控现象的评述中记录了虫草真菌寄生于蚁属（*Formica*）蚂蚁的噩梦般的过程。

> 虫草寄生菌精确地把控着何时让宿主离开巢穴、爬上植被并最终死在那里。它们似乎把这一过程安排在下午晚些时候或晚上，并以一种极其精确的同步附着的方式来进行……详细的野外观察进一步描述了受感染的草地蚁（*Formica pratensis*）和红褐林蚁

（*Formica rufa*）是如何以不协调的方式移动的。被寄生的蚂蚁在向上爬时会持续不断地张开和闭合上颚，最后头部向上停住附着。被操控的个体还会在叶子上上下移动，永远不会再回到地面。真菌像根一样生长，将蚂蚁牢牢地附着在基质上。随后，带有感染孢子的菌丝结构从中躯节间部分和柄后腹出现。

进一步的研究表明，这种真菌不会改变大脑的结构，而似乎会分泌一种物质，激活和破坏已经存在的行为程序，同时阻断其他的正常反应。

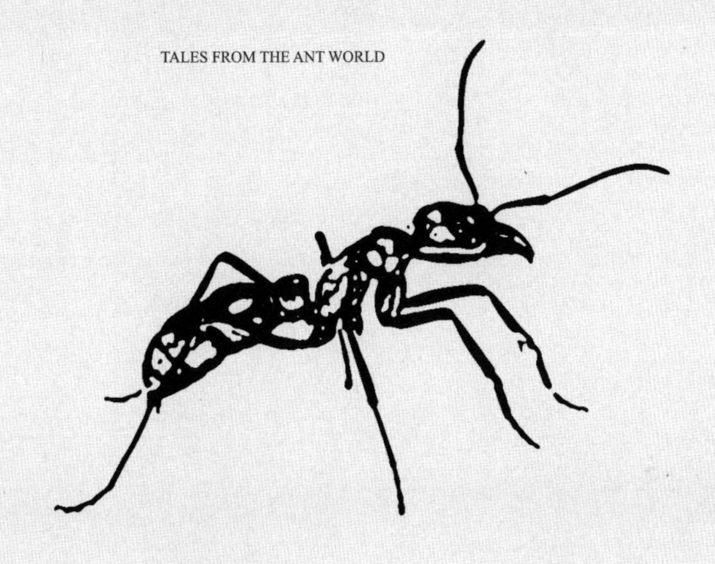

Chapter 18

第十八章

The Matabele, Warrior Ants of Africa

马塔贝勒蚁，非洲的蚂蚁战士

在东非的热带稀树草原和干燥的落叶林地，占主导地位的动物不是大象、狮子、黑猩猩和其他大型哺乳动物，而是擅长构筑蚁丘的白蚁。每一个蚁群都是由单蚁后和她的配偶蚁王建立的。在完全成熟的时候，每个蚁巢包含的后代多达两百万只。拇指大小的蚁后的惊人生育能力使如此大规模的蚁群成为可能，在实验室蚁群中取得的最高纪录是一天产下 86 400 枚卵。由于蚁后平均寿命约为 10 年，而且在巢内会一直得到良好的保护和充足的食物，因此它一生中可能会产下大约 1 亿个后代。

白蚁群的食物是一种共生真菌，它生长在特殊的菌园巢室（garden chamber）内，呈海绵状。蚁巢内部通过贯穿蚁巢的隧道通风换气，原本的空气通过白蚁自身的热量被排出。巢室的底层由经过咀嚼的死亡植物碎片建造而成，这些材料是在蚁巢周围的地面上收集起来的。

随着蚁群的密度从相当于村庄的规模增长到城市级别，它们的巢穴由冰箱大小扩增到城市公交车那么大，高度可达 3 米，直径可达 10 米。最大的巢穴上大多生长着包括灌木甚至树木在内的各种各样的植物。鸟类会飞落下来觅食和筑巢，一些较小的哺乳动物则会爬到顶部扫视周围的地形。

如果你在一个宁静的夜晚走出去，坐在一个蚁丘旁边，你会听到一种持续而轻柔的嗞嗞声，这是巢外成千上万的工蚁行动时发出的快跑声。后来发现，这些工蚁其实都是大型雄蚁，它们在寻找死去的植物碎片来喂养共生真菌。

蚁巢内聚集的蚁群和它们的真菌寄生物都是捕食者的主要目标。在漫长的演化过程中，为了应对捕食者，白蚁产生了好几层防御。巢的外层是经过白蚁化学处理过的坚固的土壤外壳。如果这一层被侵入，蚁群会启动三项应急措施。暴露在外的工蚁冲进巢穴的内部躲藏起来。兵蚁们冲出去守卫缺口。这些兵蚁是为战斗而生的，它们坚硬的骨化头部就像戴了头盔，长长的针尖状上颚向前突出，闭合有力。

在紧急情况下，比如穿山甲或科学调查人员弄破蚁穴时，蚁群会组织得井井有条。危险过后，兵蚁退回蚁巢，工蚁们争先恐后地修复受损的地方，这是第三个应急措施。

如果你拿起一把扁斧或铁铲，在靠近地面的一个虫口密集的小蚁巢的侧面挖洞，尤其当你不停地继续往里挖，直到挖出其中一个菌园巢室，你首先会看到一群发白的工蚁。马上，它们就开始消失在巢内深处黑暗的地方。如果一两个小时后再回来看，你会发现大部分兵蚁已经离开，但有一大群返回的工蚁正在用湿漉漉的幼虫粪便颗粒遮盖缺口。若是第二天再来，你会发现损坏的部分已经完全修复。

科学意义上的博物学的一个基本规律是，只要进化出潜在数量很充足的猎物，给足时间，就会有捕食者发生特化，专门以其为生。（这条规律对寄生生物也适用，寄生生物可以定义为只吃猎物身体一小部分的捕食者。）莫桑比克的戈龙戈萨国家公园有一种可供我研究的白蚁克星，它们专吃会建造蚁丘的白蚁，它就是马塔贝勒蚁，学名是 *Megaponera analis*（见卷首图）。以蚂蚁的标准来说，马塔贝勒蚁的体形异乎寻常地大，包裹在一层厚重的几丁质外骨骼里，能够有组织地快速移动，似乎天生就适合以这类会建造蚁丘的白蚁为食。当地给它起的通用名恰到好处：马塔贝勒指的是津巴布韦西部勇猛的“长盾之人”（Men of the Long Shield）。

马塔贝勒蚁有可怕的蜇刺，是我遇到过的蚂蚁中最厉害的。显然，这种刺的目的是向任何想要吃它的鸟类或哺乳动物传递终生难忘的信息。在戈龙戈萨时，我捡起过一只马塔贝勒蚁的工蚁（并立即发誓这是我最后一次捡起马塔贝勒蚁），想仔细地检查一下。它首先以令人印象深刻的方式咬紧上颚，然后向前扭转柄后腹，把一根长刺深深地插入了我食指的肉里。在疼痛等级上，我认为它接近大黄蜂，或许是被两三只大黄蜂同时蜇刺的疼痛程度。我把它毫发无损地丢了出去。在我漫长的昆虫学生涯中，这是为数不多的能凭一己之力打败我的蚂蚁之一。

在蚂蚁中，马塔贝勒蚁的蜇伤是最严重的吗？它最厉害的竞争对手是中美洲和南美洲热带雨林中巨大的子弹蚁（*Paraponera clavata*）。它在一部分分布地区的西班牙语名字“Dos Semanas”是对其攻击威力的体现，其意思是被蜇伤后需要两周时间才能从刺痛中恢复过来。在南美洲，至少有一个原住民部落在其成年仪式中使用子弹蚁。有传言说伟大的蚁学家威廉·莫顿·惠勒曾在巴拿马的巴罗科罗拉多岛被一只子弹蚁蜇伤后晕倒。幸运的是，这种蚂蚁群体很小，而且工蚁既不好斗，行动也不迅速。

马塔贝勒蚁突袭白蚁巢穴是非洲最引人注目的野生动物奇观之一。即便只是一列行进中的搜罗白蚁的马塔贝勒蚁队伍，也值得游客离开营地前去观看。它的结局，即战斗的尾声，揭示了我所知的热带生物学中最惊人的现象之一。突袭者的目标不是窃取真菌种植者的菌园。它们在寻找园艺白蚁的尸体，尤其是那些在战斗中丧生的白蚁。

对于马塔贝勒蚁来说，战争就是一次为了晚餐的狩猎行动。

马塔贝勒蚁的突袭行动始于一个侦察蚁发现在自己蚁巢的行进距离内有一座白蚁蚁丘。它会仔细检查蚁丘，显然是在寻找入口，或者一条偶然出现的裂缝，以便接近白蚁。如果成功找到了，侦察蚁将沿直线一路跑回自己的巢穴，沿途会利用身体留下化学痕迹。这种物质是能够吸引一大群猎手的强大信息素。它们会排成一列，一路跑到白蚁蚁丘的裂缝处。

突袭者们就像马塔贝勒人的战斗军团一样。马塔贝勒蚁没有大多数蚂蚁种类典型的磨磨蹭蹭、四处跑动和偶尔返回自己巢穴的行为，它们有一种孤注一掷的投入。团结对它们来说是必要的。几乎一破门而入，马塔贝勒蚁就会遭遇同样凶猛的白蚁群。但是成群的突袭者不慌不忙，轻而易举地就击败了防御者。它们杀死并收集死去的白蚁兵蚁，以及少量偶遇的普通工蚁，然后班师回巢。一只马塔贝勒蚁工蚁的上颚可以携带多达十具白蚁尸体。

据我所知，马塔贝勒蚁在获胜后并不会占据白蚁蚁丘。突袭就是一切。

Chapter 19

第十九章

War and Slavery among the Ants

蚂蚁战争与奴役

1854 年，亨利·戴维·梭罗在他的经典著作《瓦尔登湖》中描述了他认为的两种蚂蚁之间的战争。

有一天，当我走向我的柴火堆，或者更确切地说，我的树桩堆，我看到了两只大蚂蚁正激烈地互相争斗着。一只是红色的，另一只更大些，将近半英寸长，呈黑色。一旦抓住了对方，它们就绝不放手，而是不停地挣扎、搏斗、在木片上打滚。再往下看，我惊奇地发现木片上布满了这样的蚂蚁战士。这不是一场决斗，而是两种蚂蚁之间的战争，红蚂蚁总是和黑蚂蚁对抗，并且经常是两只红蚂蚁对抗一只黑蚂蚁。

梭罗观察到的是战争（他这样认为是有道理的），还是其他什么行为？根据我几十年来在北美研究蚂蚁的经验，这两种不同的蚂蚁之间的争斗通常是奴隶掠夺行为。这个例子中，红色蓄奴蚁最有可能是光亮悍蚁（*Polyergus lucidus*）或亚缘蚁（*Formica subintegra*）种群的一员，在突袭中与它们对抗的黑色易受攻击物种可能是常见的细毛蚁（*Formica subsericea*）。

激烈的战斗中会出现袭击和抵抗，但大多数情况下蚂蚁的奴隶制度与人类的奴隶制度并不完全相同。它们更像是捕获和驯养野生动物。

蚂蚁中的工蚁特化为蓄奴蚁，它们会本能地袭击其他相似物种的蚁群。它们只有一个简单的目标——被攻击蚁群的蛹。入侵者会将俘虏毫发无损地带回巢穴，在此之前通常要先与成年原住蚂蚁恶战一场。在几天或几周后，俘虏会从蛹羽化成为完全形态的成年蚂蚁。据我们所知，任何地方的蚂蚁都有一种能让它们变成奴隶的特质，即刚羽化的成年蚂蚁会获得它们所在蚁群的气味。结果就是它们把掠夺者当成姐妹，掠夺者也以同样的方式接受它们。在与同一物种的其他蚁群竞争时，任何为工蚁队伍增加忠诚成年蚂蚁的方法，都能给蚁群带来巨大的优势。

这种蚂蚁获得蚁群气味的方法是由行为生物学先驱阿黛尔·M. 菲尔德（Adele M. Fielde）在 20 世纪初发现的。

通过这种方法，就有可能创造出其成员在大小和结构上具有根本差异的蚁群。例如，有刺的大型蚂蚁可以与身体光滑的小型蚂蚁组合在一起。

在北美、欧洲和亚洲的北温带地区，奴役蚂蚁是常见现象，尤其是在蚁亚科。红棕色的悍蚁属（*Polyergus*）掠食者种群的行为和身体结构都发展得非常适合完成它们的奴役生意。它们会频繁地突袭深色的蚁属蚂蚁，攻击时迅速而猛烈地挥舞剑齿般的上颚。

在新英格兰丰富的蚂蚁群中，有几个掠夺者与被掠夺者的组合，可能是梭罗所谓的蚂蚁战争的候选者。但是，我们可能永远无法确定他描述的是哪两种蚂蚁，主要是因为他说一个物种比另一个物种大得多。尽管他观察到了，但他并没有收集蚂蚁标本供未来的昆虫学家鉴定和研究。这个缺失令人遗憾，因为在他的朋友中，除了有拉尔夫·沃尔多·爱默生之外，还有路易·阿加西（Louis Agassiz），在梭罗研究蚂蚁“战争”的时候，他正在哈佛打造比较动物学博物馆和丰富其标本收藏。现在，比较动物学博物馆保管着世界上最多的蚂蚁标本。

与此同时，我和其他人在这一地区也记录过蚂蚁的奴役行为，包括各种令人吃惊的寄生或战争行为。当我在哈佛读研究生时，在约塞米蒂国家公园，我发现了蓄奴蚁惠勒氏蚁（*Formica wheeleri*）的蚁群，里面有两种奴隶蚁。

当我发现它的时候，其中一种奴隶蚁参与了突袭，而和袭击者一起奔跑的是第三种蚁的工蚁。很明显，它们是助理兵，是掠夺者的爪牙。此外，当我挖掘巢穴时，我发现还有第四种蚂蚁与掠夺者的卵、幼虫和蛹挤在一起，扮演着育幼蚁的角色。

30多年后，在向汇聚一堂的美国国家公园管理者发表演讲时，我“供认”我曾在约塞米蒂挖过一个蚁巢，并请求原谅这一现在我认识到是违法的行为。几年后，我又进行了第二次演讲，国家公园系统的负责人在介绍我时原谅了我之前的违法行为，并给了我一张装饰精美的许可证，允许我在约塞米蒂国家公园再采集一只同样的蓄奴蚁。

奴隶制对于采纳它的物种来说是演化的死胡同吗？那可未必！它们还可能更加退化。分布在欧洲和亚洲的社会性寄生属圆颚蚁属（*Strongylognathus*）的蚂蚁就是一个显著的例子。大多数圆颚蚁会发起标准的奴隶抢劫活动，用军刀式上颚制服它们的俘虏。但在甲壳圆颚蚁（*Strongylognathus testaceus*）中，工蚁们失去了它们的战士精神。相反，新交配的甲壳圆颚蚁的蚁后会进入宿主蚁群，坐在宿主蚁后附近。此后，宿主工蚁就会像照顾自己的母亲一样照顾寄生蚁后。寄生蚁后所生的女儿对宿主很友好，但它们不承担任何工作。

美国蓄奴蚁亚缘蚁又向奴隶制世界迈进了一步：它们

是洗脑专家。杜氏腺会释放一种信息素，提醒同伴有危险。亚缘蚁的杜氏腺巨大，占据了柄后腹体积的三分之一。在掠夺奴隶时，工蚁们会向原住蚁喷射它们的分泌物。这些分泌物威力巨大，能在被攻击的蚁群中制造恐慌，使入侵者更容易进入育幼室并带走未来会孵化成奴隶的蛹。

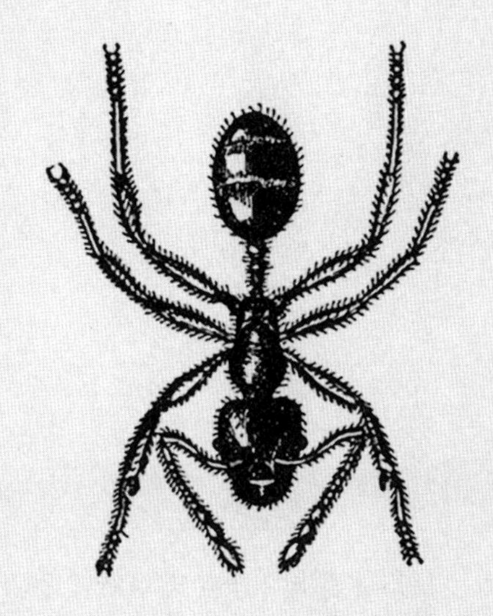

Chapter 20

第二十章

The Walking Dead

行走的尸体

每一具尸体都是一个生态系统。坠落的鸟，上岸的鱼，搁浅的鲸，分解的原木，采撷的花朵，都注定要从大分子聚合物（宇宙中已知最复杂的系统）转化成一堆小得多的有机分子。在自然界，腐烂的过程由食腐动物驱动，从秃鹫和绿头苍蝇开始，以真菌和细菌结束。

蚂蚁如何处理它们的尸体？如果一个蚁群成员在野外严重受伤，许多蚂蚁物种都会把它们带回家然后吃掉。如果只是轻微受伤，它们会获准活下来等待伤口愈合。大多数在巢穴外战死的蚂蚁战士永远不会再回来。它们将填满捕食者的上颚和喙。

在巢中因年老或疾病死亡的蚂蚁，要么是静止不动，要么是六足蜷缩着倒在一边。在大多数情况下，它被允许待在原地。最多过几天，它的同伴就会把它带出巢，或者把它带到巢内一个堆放废弃物的室内。在这个墓室里还倾倒着各种垃圾，包括不能食用的猎物遗骸。它们的埋葬没有仪式。

我在研究蚂蚁化学交流的早期就想到，死者的尸体很可能是通过它们分解时的气味被识别的。在昆虫尸体所特有的物质中，一定有一种或多种物质可以触发蚂蚁处理尸体的信号。如果活的蚂蚁在为蚁群服务的过程中明确地使用这些分子来触发其他本能社会行为，那它为什么不在死亡时也这样做呢？

我当时很幸运，找到一份公开发表但写得很生涩的报告，这份报告对死蟑螂中发现的物质进行了鉴定。以这项工作为指导，我开始研究是什么化学物质刺激蚂蚁的移尸行为。

第一步，我从正在分解的蚂蚁身上获得了提取物，并且把这个提取物滴在由香脂颗粒制成的和工蚁差不多大小的蚂蚁尸体仿制品身上。当这些仿制品蚂蚁被扔进实验室的收获蚁蚁巢时，它们会被捡起来，并被迅速送往垃圾堆。所以我得到了一个有效的活体测定结果，这对生物实验来说是必不可少的一步。与此同时，我获得了合成的腐烂蟑螂中发现的物质的化学纯品。一时间，实验室里弥漫着一种混合了停尸房和下水道的淡淡的气味（举例而言，其中两种物质是哺乳动物粪便中的萜类吲哚和粪臭素）。大多数测试过的物质会引起蚂蚁的兴奋以及带有攻击性的绕圈行为，但并没有立即触发移尸行为。用有气味的物质处理过的少量香脂会被巢穴中的蚂蚁攻击或干脆不予理睬，而那些带有吲哚或粪臭素的则会被捡起来送到墓地。

对生物学家来说，没有什么比一个有效的实验更让人满意了。至少对佛罗里达收获蚁来说，这一次实验很成功。我一直给游客们重复这个实验，直到我感到厌烦。所以我又有了一个新问题：如果我把这种送葬的物质涂在一个健康的活工蚁身上，会发生什么呢？

结果也令人满意。工蚁遇到它们被涂抹的同伴时，就会把它们捡起来，将它们活着抬到墓地，把它们扔在那里，然后离开。送葬的蚂蚁行为相对平静，甚至有些随意。在它们看来，死者就应该和死者在一起。

这些被涂抹的蚂蚁在变成僵尸时会做你我都会做的事情：洗澡。当身上有一种讨厌的物质时，蚂蚁也会使用这种方法，对此我们不应感到意外。它们通过前足上的梳状结构搓动触角鞭节外的柔韧部分，用垫状的舌头尽可能地舔自己的身体和足，并将它们的柄后腹尽可能向前卷曲，进行擦拭和清洗。它们洗了一个典型的蚂蚁浴。

然后，它们返回巢穴的主要生活区。如果它们身体上散发死亡气息的物质清除得足够干净，它们就会被接纳回巢中。否则，它们就会被同伴送回墓地。它们会继续清洁自己，也许其他同伴会来帮助它们。它们等待着。随着时间的推移，如果污染物被清除或充分消散，它们将完全重新融入生活。

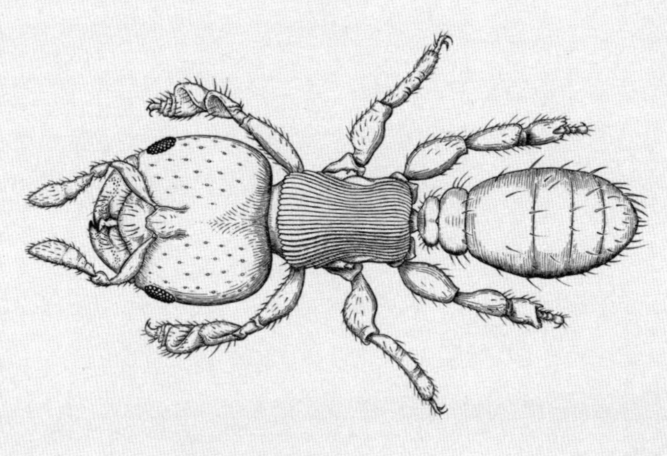

Chapter 21

第二十一章

Tiny Cattle Ranchers of Africa

非洲的小牧场主

世界上体格最奇怪的蚂蚁可能是蜂足蚁属（*Melissotarsus*）的 5 个已知种，它们分布在非洲热带部分区域、马达加斯加和科摩罗群岛的不同地区。这类蚂蚁的体格出奇地矮胖，坚硬的身体中间上部覆盖着精细的凹槽，但没有蚂蚁典型的缝合线或接缝。加上连接足和身体的巨大基节、超大号的头和 7 节短触角（大多数种类的蚂蚁是 10 ~12 节），蜂足蚁属的蚁后或工蚁一眼就能辨认出来。

我从未见过活的蜂足蚁。我希望下次去莫桑比克的戈龙戈萨国家公园时能弥补这个缺憾。我将与公园生物学家彼得·纳斯克勒基（Piotr Naskrecki）同行，他是我所知道的在这一领域最优秀的几位博物学家之一。他答应给我一个蜂足蚁蚁群。

我们都知道发现它可能是一项复杂而艰巨的任务。蜂足蚁只生活在健康的树木中，在活树的树皮下开拓出构成蚁巢的蚁道和蚁室。

就目前所知，工蚁从未离开过它们的大本营。相反，它们特别适应在挖好的蚁道中高效地行进。它们用前足和后足移动，同时举起中足去接触蚁道顶部。简而言之，它们摇摇晃晃地在家中穿行。据说，如果把它们从巢中取出，放在空旷平坦的地方，没有蚁道顶部可以触碰，它们就无法行走。我们会看到的。

如果蜂足蚁蚁群基本只在它们筑巢的活木质部里行动，那它们吃什么呢？答案可能正是它们最奇怪的地方。它们放牧“牲口”。

在蜂足蚁的巢内，生活着由蚂蚁保护和照料的介壳虫。这种共生关系在蚂蚁中很普遍。作为交换，介壳虫（粉蚧、蚜虫和其他同翅类昆虫*）产生富含糖类和氨基酸的排泄物液滴。通常情况下，更简单的交换方式是工蚁从它们的巢穴去到正在啃食植物的同翅目昆虫那里。在更高级的伙伴关系中，同翅目昆虫作为客人生活在蚁巢中，以树根和其他受保护的植物部位为食。客人们为它们的蚂蚁

---

* 今天，同翅目的分类地位发生了变化，它们被整体划入了半翅目昆虫。——译者注

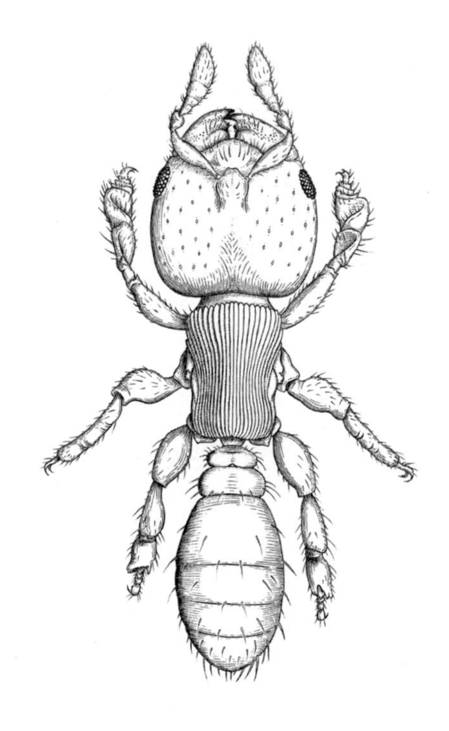

◆ 非洲热带“畜牧蚁”贝氏蜂足蚁（*Melissotarsus beccarii*）的工蚁（克里斯滕·奥尔绘制）

主人提供源源不断的液体食物。当蛋白质稀缺时，由于蚂蚁捕食不太成功，蚁群也会选择杀死并吃掉它们的同翅目客人。

由于生活在蜂足蚁蚁群中的介壳虫在它们的排泄物中并不产生有营养的食物，因此，它们会被精明的宿主杀死并吃掉，从而直接提供蛋白质。蜂足蚁是牧民，不是农民。

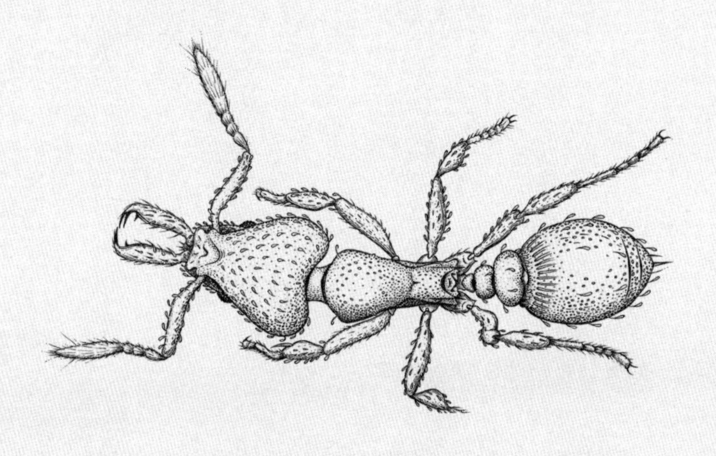

Chapter 22

第二十二章

Trapjaws versus Springtails

陷阱颚与弹尾虫

尽管毒针蚁类蚂蚁的颚和捕鼠器的结构截然不同，但它们在功能上是相似的。毒针蚁类的上颚端部长有尖刺，其内缘分布着一排如外科手术针般锋利的牙齿，它们用生物界已知最快的有机体动作攻击猎物。

不管是土壤和落叶层中爬行的小型瘤颚蚁属（*Strumigenys*），还是在树冠中巡逻的相对大型的毒针蚁属，当其雌性猎食者感应到附近有猎物时，都会尽可能地张开上颚（一些物种的上颚张开角度甚至会超过 180 度）。上唇的钩状结构会锁住被头后部丰富的肌肉拉紧的上颚。当蚂蚁将上唇向回拉时，上颚被释放，猛烈咬合（锋利的内齿会先碰上）并捕获夹在其间的任何物体。

毒针蚁的攻击速度之快，肉眼很难观察到。视频分析显示，从脑部传达神经冲动，到上唇钩锁结构释放上颚，仅需要千分之五秒。随后的攻击动作只需要千分之二点五秒就能完成。

缓慢移动后快速爆发，这是构成毒针蚁族（Dacetini）的上百种蚂蚁的标志。体形较小的毒针蚁类也是温带地区最常见的蚂蚁种类之一。

最近的实验室研究表明，还有一种蚂蚁攻击速度同样迅疾，它属于原始且广泛分布的大齿猛蚁属。我在亚拉巴马挖蚁巢时第一次遇见这种叫作浅棕大齿猛蚁的蚂蚁，那时我还是一个小男孩。我亲身体验了它上颚双重武器的威力：上颚捕捉器的攻击伴随着几乎瞬间爆发的灼痛感。

分布于马达加斯加岛的一种相对原始的蚂蚁，被称为卡米拉迷猛蚁（*Mystrium camillae*），也独立演化出了一种类似的捕捉器。就像我们用中指和拇指打响指一样，它们成对的上颚紧紧挤压在一起，一个上颚紧贴着划过另一个上颚，释放时具有爆发性的力量。这一动作的速度大约为 90 米每秒，按传统的距离和时间单位来计算则是 200 多英里每小时。考虑到蚂蚁的体形如此微小，这样的速度可以成为另一项生物纪录了。

毒针蚁族蚂蚁分布于世界上大部分地区。它们在热带和温带森林都达到了最大的丰度和多样性。其最北的分布是由著名的蚁学家，也是我在哈佛大学时的导师威廉·L.

布朗在1950年记录的。对于想打破这一纪录的蚂蚁行家来说，威廉·布朗发现的蚁群正是瘤颚蚁属的蚂蚁，当时它们生活在面朝哈佛生物实验室正门右侧的犀牛雕像底部的一堆隆起的草地上。1951年我来到哈佛的时候，这些蚂蚁已经不在了，在我随后任职的七十年里，也没有任何一只蚂蚁回来过。

1950年的时候，比尔·布朗还是哈佛大学的一名博士研究生。在妻子多丽丝的帮助下，他对1937年威廉·莫顿·惠勒去世后遗留在哈佛大学比较动物学博物馆内的蚂蚁馆藏标本进行了鉴定。他对蚂蚁特别是毒针蚁的热情对于我这个新人极具感染力。很快我就为他工作了。

当我还在亚拉巴马大学上学的时候，比尔·布朗曾写信给我，信中他说道："威尔逊，在你居住的美国东南部有很多毒针蚁类。其中一些肯定是科学尚未认识的物种。我需要看到所有能够得到的物种。在亚拉巴马收集你能采集到的，然后把它们交给我吧。"

之后他邀请我对蚂蚁进行了更为广泛的研究，他鼓励我说："威尔逊，观察一下毒针蚁类吃什么。它们用这些奇怪的上颚来捕获什么样的猎物？"

即使没有布朗的鼓励，我也会被这些和我共享时光的小蚂蚁所吸引。它们抛出了一些亟待解决的问题。它们处在生物圈的什么位置呢？它们抓什么，吃什么？但是科学家不可能直接在野外跟随它们并记录它们的饮食习惯。单是找到毒针蚁类的巢穴就已经很困难了，更不要说跟随这些在落叶中或是朽木树皮下觅食的小女猎手了。

我使用了被我称为“自助餐厅”的方法解决了这个问题：我没有去往自然环境中跟踪观察蚂蚁，而是把食物送到它们眼前。

我的“自助餐厅”是一个人工巢穴，一块长方形的有鞋子那么大的熟石膏，里面包含两个并排的由一条狭窄的通道连接的深邃房间，蚂蚁可以通过通道从一边跑到另外一边。每个房间的顶部用玻璃板覆盖。其中一块玻璃板上还覆盖了第二层红色玻璃板，这样蚂蚁在里面看起来就像黑夜一样。只要条件允许，不管哪个房间内的蚂蚁都会选择较暗的房间并把它营造成一个巢穴。

接下来就是实验了。在光亮的空间内放置土壤样本、树叶堆、正在腐烂的木头或其他包含多种潜在猎物的微栖息环境，尤其是那些在蚁群被发现的区域附近出现的潜在猎物。蚂蚁将战利品搬运进蚁室的过程中，它们所选择的猎物都可以被观察到。螨虫、蜘蛛、裂盾目蛛类（schizomids）、蜈蚣、千足虫、线虫、蚯蚓、蝇类和众多甲虫，还有白蚁和其他种类的蚂蚁，都是它们近乎无穷的菜单的一部分。

“自助餐厅”这种方法让蚂蚁在模拟的自然环境下选

择自己的食物，已经在实践中取得了非常好的效果。我还用这种方法揭开了美洲热带森林中另一个特别让我着迷的秘密：为什么工蚁体形极小的大头蚁属蚁群在雨林中的任何地方数量和密度都如此之大？它们的广泛分布似乎对生态系统的和谐很重要，这种重要性是如何体现的呢？是什么让它们如此成功？是它们选择营巢位置，并在之后进行改建么？通过对分布在中部和南部美洲的许多蚁群进行的野外观察，我直觉上怀疑蚁巢的位置起到了至关重要的作用。蚂蚁会选择已经存在的最优位点营巢，而不是创造新的。还有就是可能的食物，这些食物可能多样且足够特殊，并对它们的生活环境产生影响。为了找到答案，我也使用了“自助餐厅”这一方法。

得到的答案令我惊讶。是甲螨！大头蚁将这些无害的球形小菌食者大量收集到一起，就像九月菜园里的南瓜堆一样。每只蚂蚁都能把一只活的螨虫，一个腿脚乱动的小球带回蚁巢（尽管独自这么干通常会有困难），最终把这些螨虫作为食物和它们的同巢伙伴分享。

小型毒针蚁的猎物更加令我惊讶。瘤颚蚁属作为优势属，将包括弹尾虫在内的种类繁多的小型、无翅且身体柔软的节肢动物收集起来并带回人工巢穴。它们会忽略所有螨类和跳虫科（Poduridae）的种类，众所周知后者会使用有毒化学物质来防御捕食者。在可选的众多猎物中，最受青睐的是长角跳虫科（Entomobryidae）的弹尾虫。这些小昆虫以遇到敌人时能够跳跃逃离危险而闻名，这类昆虫在草根丛中数量众多。

我观察到有上颚捕捉器的瘤颚蚁和能够跳远的长角跳虫类弹尾虫之间冲突不断，它们都会使用具有爆发力的器官，一个用于捕获，另一个则用于逃离。

瘤颚蚁已经适应各种各样的捕猎方式，它们会在潜近猎物的不同方法中利用捕捉器。路易斯安那瘤颚蚁（*Strumigenys louisianae*）是一种在美国东南部常见的蚂蚁。相比其他小型同属种类，它们更加勇猛直接。更加高效的上颚长而尖锐至极，这得以让它们在捕猎时充满信心。当工蚁缓慢且谨慎地接近一只弹尾虫时，它会将自己的上颚张开到最大，将成对的由上唇叶延伸出的两根长毛露出来。这些长毛延伸到离蚂蚁头部很远的地方，以感知进入猎杀范围的猎物。当猎物触碰长毛时，它们的身体已经进入瘤颚蚁极有把握的范围内。瘤颚蚁的上颚会突然猛烈闭合，其前端的利齿会毫不费力地刺穿弹尾虫，其强大的力道通常会让昆虫的血液也就是血淋巴从刺孔里流出。如果弹尾虫比瘤颚蚁小，蚂蚁就会把它举到空中，然后可能会去蜇刺它。除了最大的弹尾虫，其他遇袭的猎物在蚂蚁的上颚攻击和蜇刺后都会迅速动弹不得，它们的挣扎短暂而徒劳。

节膜瘤颚蚁（*Strumigenys membranifera*）工蚁的上颚比路易斯安那瘤颚蚁的要短，在潜近猎物时也会更谨慎一些。一旦感知到有弹尾虫靠近，它会短暂保持一个低位蹲伏的“静滞”状态。如果弹尾虫位于它的侧面或者后方，工蚁就会慢慢转动，面对猎物。一旦就位，工蚁便开始向前移动，其移动的速度异常缓慢，只有通过持久且仔细的观察才能察觉到。可能要过好几分钟，蚂蚁才终于移动至距离猎物不到一毫米的地方，摆出攻击姿势，而且这种姿势可能会持续一分钟或者更久。与路易斯安那瘤颚蚁不同，节膜瘤颚蚁上颚张开的角度仅有 60 度。它会露出长毛，让其接触猎物。节膜瘤颚蚁上颚的猛烈闭合和路易斯安那瘤颚蚁一样突然，但它通常只针对猎物的一个附肢，因此不会像路易斯安那瘤颚蚁一样对弹尾虫产生相同的震慑效果。弹尾虫通常会猛烈挣扎，试图挣脱，但工蚁非常顽强，会紧紧抓住不放，直到可以蜇刺猎物，使其进入瘫痪状态。

总的来说，路易斯安那瘤颚蚁依靠相对迅速地靠近猎物和“攻击—举起—蜇刺”的固定行动模式进行捕猎，在猎物较小时最后一步偶尔会被省略。与之相比，节膜瘤颚蚁以更为谨慎的方式靠近猎物并采用“攻击—抓住—蜇刺”的行动模式进行捕猎，最后一步是必不可少的。路易斯安那瘤颚蚁的模式显然是长上颚毒针蚁的典型手段，而

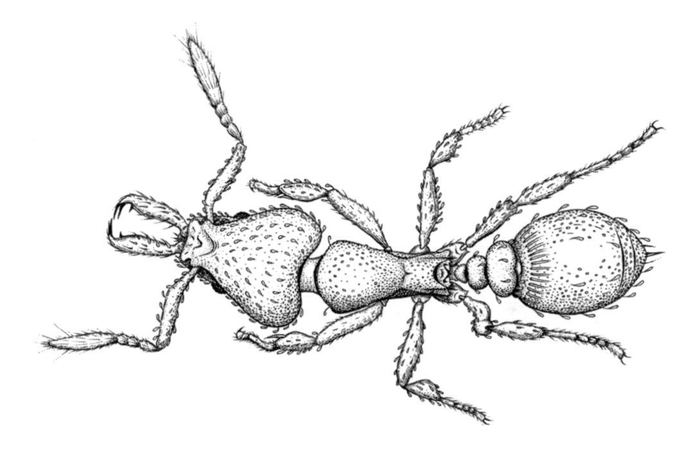

◆ 在美国广泛分布的小型路易斯安那瘤颚蚁。其陷阱颚可用于捕捉快速移动的猎物，是具陷阱颚类蚂蚁的典型代表（克里斯滕·奥尔绘制）

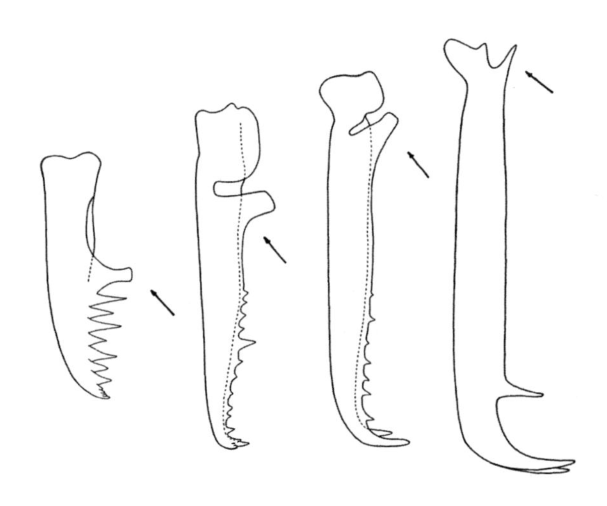

◆ 毒针蚁族蚂蚁的陷阱颚，在演化过程中变长（修改自 W. L. Brown and E. O. Wilson, 1959）

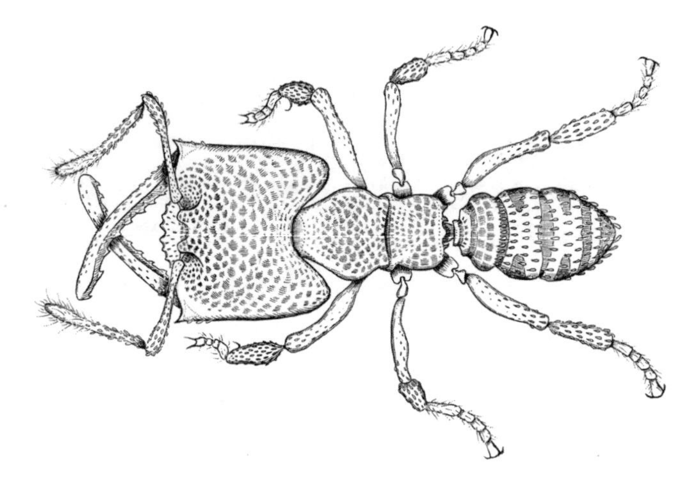

◆ 马达加斯加卡米拉迷猛蚁的工蚁。这种蚂蚁会像我们打响指一样，成对的上颚挤压在一起并猛烈释放能量（克里斯滕·奥尔绘制）

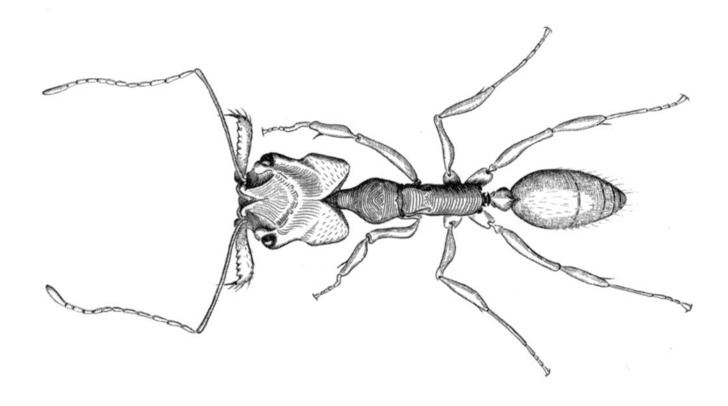

◆ 浅棕大齿猛蚁的工蚁，一种带有陷阱颚的大型捕食性蚂蚁（克里斯滕·奥尔绘制）

节膜瘤颚蚁的模式是短上颚类群普遍使用的方式。

我依据自己的判断，将两类瘤颚蚁的差别所体现的生态意义总结如下：使用上颚时所需空间较小的节膜瘤颚蚁通常和隐秘觅食有关。日本蚁学家益子圭一发现六节瘤颚蚁（*Strumigenys hexamera*）会以一种极端的方式使用这种短上颚捕猎法。这种奇异的小蚂蚁是终极伏击猎手。其上颚从头部平面轻微向上翘起，背侧顶端的齿格外长且尖锐，这些结构允许它们对靠近头部上方的猎物进行极为高效的攻击。瘤颚蚁觅食蚁在土壤的缝隙中捕获大量的猎物，由于通道狭窄，它们通常在正前方碰到猎物。此时蚂蚁会迅速蹲伏并保持静滞状态，触角也会完全收回到头两侧的触角窝中。上颚依然保持闭合状态。即使诸如弹尾虫或小型蜈蚣这类目标已经十分接近时，它们也绝不选择靠近。相反，它们会保持完美的静滞状态 20 分钟甚至更久，直到猎物踏入它们头部上方区域。此时，猎手会迅速起身扣击上颚，用顶端的长齿刺穿受害者。

分类学家将小型瘤颚蚁青睐的弹尾虫归入了长角跳虫科。这类弹尾虫体形小、无翅且身体柔软，是小型瘤颚蚁这类捕食者的理想食物。长角跳虫科的弹尾虫在自然环境中几乎无处不在，不管是在陆地上还是在水漂生物*上。高海拔的珠穆朗玛峰上发现过它们的身影，那里没有蚂蚁，猎捕它们的可能是小型跳蛛。它们还出现在南极沃斯托克湖（Vostok Lake）的水体样本中，该湖被永久厚冰层覆盖。取回的水样中繁殖出大量我们周围常见的长角跳虫科昆虫。在晴朗的冬天，人们甚至可以在北美的雪堆上找到它们。

长角跳虫科昆虫和其他弹尾虫不可能在没有演化出对抗手段的情况下与瘤颚蚁这样的天才猎手共存千百万年。在弹尾虫的主要类群中，一些类群已经演化为有毒种类，其体内的有毒物质足以让弹尾虫的猎手望而却步。长角跳虫科昆虫和少部分其他弹尾虫类群还演化出完全不同的另一种器官。就像它们的通用名所暗示的，它们是“尾巴”能弹跳的昆虫。就像瘤颚蚁捕猎它们一样，弹尾虫也拥有自己的捕猎装置。每只弹尾虫都有一条“尾巴”，术语称为叉突或弹器，一个附着在后端并折叠在躯体下表面的坚硬器官。弹尾虫在受到威胁时会释放弹器。弹器猛烈向下甩动，将身体向上方外围抛出，借此逃离和自己体形相当的一切捕食者的狩猎范围。

---

* 水漂生物（pleuston）是生态学名词，用于指代水塘和湖泊表面膜这类不寻常的栖息环境。——作者注

我没有测量过弹尾虫跳跃时的轨迹，但是有理由推测，如果弹尾虫像人一样大小的话，其弹跳的距离应该有一个足球场那么远，高度有半个球场那么高。如果瘤颚蚁在弹尾虫起跳前攻击，将自己的利齿刺入弹尾虫的身体，弹尾虫弹器的威力足以将二者一起抛入空中。我在实验室内观察到过这一场景。瘤颚蚁很少被甩开，之后唯一需要考虑的问题是工蚁需要走更长的一段路才能回巢。

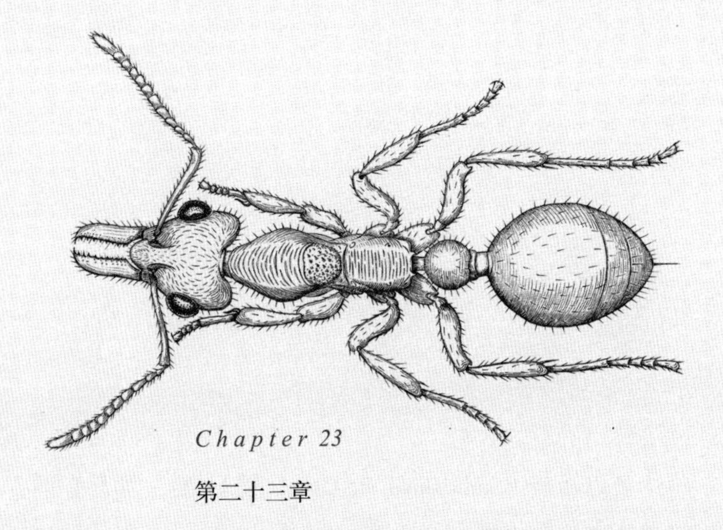

Chapter 23

第二十三章

Searching for the Rare

寻找稀有蚂蚁

圣巴西略（Saint Basil the Great）曾写道："如果有谁敢夸口说他通晓现存的所有事物，那么就先来告诉我们蚂蚁的本性吧。"

在直面圣巴西略这一挑战的过程中，蚁学家们已经探索了全世界非同寻常的自然环境，他们享受独特的挑战和最好的身体冒险。研究蚂蚁的学者们有许多故事要讲，听众不限于其他同僚专家，而是包括任何对博物学挑战感兴趣的人。

其中一个故事，从科学意义上讲是迄今最重要的故事之一，是在澳大利亚西南部寻找当时已知的最原始蚂蚁物种——大眼响蚁（*Nothomyrmecia macrops*）。1932 年，一位年轻的女性博物学家在骑马穿越埃斯佩兰斯以东、纳拉伯（意为“无树”）以西的沙质荒原时收集到了最初的两个标本。蚁学家对其像胡蜂一样的身体结构十分着迷。或许响蚁群体的社会行为像其解剖结构一样原始，或许它还能为我们提供蚂蚁社会源于胡蜂祖先的线索。此前我们曾推测这一过程发生于一亿多年前。我们需要通过研究现有的蚁群来发现真相。1954 年夏天，我和三个同伴一同前往最初标本的采集地。一位是驾驶我们陆运车的机械师，一位是来自珀斯的博物学家，还有一位是卡里尔·帕克·哈斯金斯，四十多岁的他是一位著名的遗传学家、政府官员，也是畅销书《蚂蚁与人》（*Of Ants and Men*）的作者。卡里尔是热情的蚁学家，碰巧也是研究澳大利亚凶猛的犬蚁的权威，犬蚁是与响蚁亲缘关系最近的已知类群。

夜晚，在无边无际的澳大利亚内陆露营，凉爽的微风吹过，呜呜叫的野狗围着营火寻找被丢弃的食物残渣，让人感觉每个方向都有许多未知的生命——这大概就是对荒野这个词最准确的感受吧。我想没有比这更好的体验了，尤其是如果我们能发现响蚁的话。

在营地的第二天，随着夜幕降临，卡里尔·哈斯金斯和我拿着手电筒走到外围的黑暗中，希望响蚁的工蚁会在夜间活动并且此时它们已经从蚁巢里出来。不过，我们一只也没有找到，而且很快就迷失了方向。沙原荒野没有指引方向的地理特征和踪迹。当我们明白我们不得不等到黎明再去寻找返回营地的路时，卡里尔开始四处观望，寻找形状和大小刚好适合当枕头的岩石。他把岩石搬到一块空地上，向后躺下，把头枕在合适的位置，然后就睡着了。我拿着手电筒，整夜围着他走，并不断扩大行走的半径，期望响蚁是夜间活动的而且我能够找到离开蚁巢寻找食物的工蚁。

很不幸，不管是当时还是后来，我们都没有找到响蚁。在那里逗留的四天里，我们收集到一对蚂蚁，是之前没有科学研究过且罕有人知的新物种，沙原宏伟壮丽的动植物群也让我们大饱眼福。那时，我们曾瞥到一辆汽车从远处的公路上开过。又有一天，不知从哪里冒出来一匹白色的成年公马一路小跑靠近我们，它站在那里，严肃地看了我们几分钟，然后又小跑着离开并消失在沙原中。

一只大眼响蚁的工蚁都没有找到。我们再三确认自己没有来错地方。我们为什么会失败呢？在我们返回美国后，一条美国科学家寻找“黎明蚁”（dawn ant）的新闻在澳大利亚广为传播。这激起了当地生态学家的热情——澳大利亚人应该重新发现属于澳大利亚的最著名的蚂蚁。

他们最终找到了，他们的成功也解释了我们失败的原因。罗伯特 · W. 泰勒，一名在澳大利亚工作的新西兰人，曾在我的指导下获得哈佛大学的博士学位，之后作为一名政府研究人员受雇于堪培拉的联邦科学与工业研究组织

（CSIRO）。他打算对栖息地进行地毯式搜索，组织了一次去往最初采集地的探险，并最终找到了“黎明蚁”。

他们是在澳大利亚南部的早冬时节离开堪培拉的，开车从堪培拉向西南方行至位于南部海岸的阿德莱德。第一晚，他们在离城市不远的一片小桉树（一种较矮的桉属植物）林地扎营。

篝火周围的空气中有一股寒意，但还不足以阻止当地昆虫的活动。吃完晚饭并把其他人都安顿下来后，泰勒进入小桉树林采集当地的蚂蚁标本。不一会儿，他跑回营地大喊：“我找到这小浑蛋了！我找到这小浑蛋了！”

大眼响蚁被重新发现了，而阿德莱德营地这一区域此后也成了响蚁野外研究的中心。随着时间的推移，这个物种成了现存的最著名的蚂蚁。蚂蚁可能经历的早期演化进程也在此后得到了更为可靠的评估。

既然现在已经找到了一个相对密集的响蚁群落，就可以解决我和我的同僚为何连一个标本都没有找到的疑问了。很快答案浮出水面：我们搜寻的第一个地点位于埃斯佩兰斯东边，当时正处在温暖或炎热的季节。泰勒和他的同僚研究者选择了一个相对寒冷且临近冬天的时间。现在我们知道，响蚁能够成功存活，有一部分原因就在于这种蚂蚁是在寒冷季节行动的专家。它们的敏捷性足以使其找到和捕获在这个季节更怕冷且不灵活的昆虫和其他节肢动物。

相比于响蚁，生活在极端气候另一端的是分布在亚欧大陆和非洲，在炎热季节灼热沙土上繁衍生息的箭蚁，它们搜集因极端高温死亡或无法动弹的猎物。在气候特化方面与响蚁非常相似的北美温带地区蚂蚁类群是适应寒冷季节的冬蚁（*Prenolepis imparis*，也叫异色前结蚁）。其蚁群在冬季较为暖和的时候极为活跃，会有成队的工蚁从蚁巢中出来组成狩猎群，但是在夏季它们会退回蚁巢深处，挖掘凉爽的通道。

正如查尔斯·达尔文在1835年对加拉帕戈斯岛长达一个月的考察中所发现的那样，在远古时代遥远的大型岛屿上，往往存在当地特有物种（即地方种，其他地方找不到的动植物种类）丰富的孑遗种。有一种浪漫（最好情况下可能还是符合科学的浪漫），等待生物学家去发现，等待时间去研究。1969年威廉·L. 布朗便这样做了，他是第一个踏上遥远的马斯克林群岛的蚁学家，而该群岛中的毛里求斯岛正是灭绝已久的渡渡鸟的故乡。

在马斯克林群岛上，尤其是在今天毛里求斯的自然环境中，是否存在相当于渡渡鸟的蚂蚁类群呢？

寻找这个岛屿上濒危动物孑遗的主要地点是勒普斯山，这是一个狭长的山丘，顶部高地被低矮、多节的原生森林覆盖。第一次高原之旅只取得了部分成果，在那之后，布朗决定进行第二次尝试。他对这次旅行做了如下的记录：

> 4月1日，尽管根据安排我要乘晚上的飞机前往孟买，我还是又去了一次勒普斯山。我给J. 文森先生打了一通电话，通过他已经收集到的一些材料，我确信勒普斯山高地的主路是不应该被忽视的。我在下午的时候到达了那里；天气阴沉沉的，山顶似乎马上就要下雨，我花了大约一个小时才走到了高地。在阳光明媚的星期天，灌木荫下几乎没有蚂蚁觅食，但现在每隔几米就能在落叶和小径坚硬的泥土上发现觅食蚁。这些蚂蚁大多是金弓背蚁（*Camponotus aurosus*）和棱胸切叶蚁属蚂蚁（*Pristomyrmex* spp.）*，毛里求斯的本土物种。不久，在路边一棵小树上，我发现了一支由发亮的红色蚂蚁组成的稀疏纵队正在沿树干爬行。近距离观察后，我发现这些蚂蚁和我在上个星期天收集到的一样，主要是刺猛蚁，但是队列中还夹杂着双刺棱胸切叶蚁（*Pristomyrmex bispinosus*）的工蚁，它们的柄后腹部分向下弯曲，看起来和刺猛蚁极为相

---

* 原来曾作为渡渡蚁属（*Dodous*），现在归入棱胸切叶蚁属。——译者注

似。这难免给我留下一种印象：在这个栖息地，这两种蚂蚁之间存在着拟态伪装的行为。几乎所有沿着树干爬行的刺猛蚁的上颚都携带着发白的球状物体，之后证明这些搬运物是节肢动物的卵（可能是蜘蛛的卵）。我爬上了这棵仅约 5 米高的树，很快在 3 米高的地方发现了蚁巢。两根多节树枝交叉的地方被一层厚厚的地衣包裹。我把树枝掰开，发现了一个腐烂的豁口，显然这是大风中两根树枝相互摩擦形成的。洞口向下延伸几厘米后进入其中的一根树枝，里面充满了刺猛蚁和它们的卵以及许多其他节肢动物的白色圆卵；仅我挪开或看到的工蚁就至少有 200 只，我没看到的可能还有更多。

之后发生的事情布朗并没有记录下来，他试图爬上高原尽头的小山峰，一道闪电击中了六七米高的山坡，随后大雨把地面变成了泥流。布朗从斜坡上摔倒，滑向了一个高耸的悬崖边，幸运的是，他抓住了一棵小灌木，几分钟后重新站了起来。随后他沿着小径返回了路易港。

后来，这种发亮的红色蚂蚁被证实是从未记录过的卷尾猛蚁属（*Proceratium*）物种（*P. avium*），因其在地上觅食卵而引起重视，这与该属的其他完全生活在地下的成员形成了鲜明的对比。此外，它单面复眼的增大表明，在它

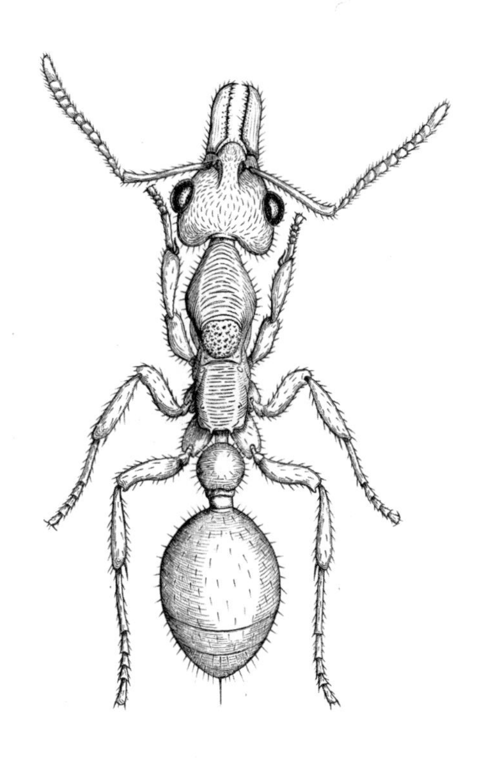

◆ 大眼响蚁的工蚁。这种蚂蚁是澳大利亚的冬蚁，被认为是世界上最原始的蚂蚁物种之一（克里斯滕·奥尔绘制）

的祖先族群到达遥远的毛里求斯岛后，这种蚂蚁演化成了一种在地表觅食的蚂蚁。

威廉·布朗冒着生命危险找到的毛里求斯蚂蚁，并不是他特意要找到古老物种才发现的。布朗来到马斯克林群岛纯粹是为了探索。他只是想知道自己能够发现什么样的物种。

在这个星球上还有其他很多类似的地方有待探索，新一代科学家在这样的地方可以提出同样的问题——在这里我可能会发现什么样的物种呢？

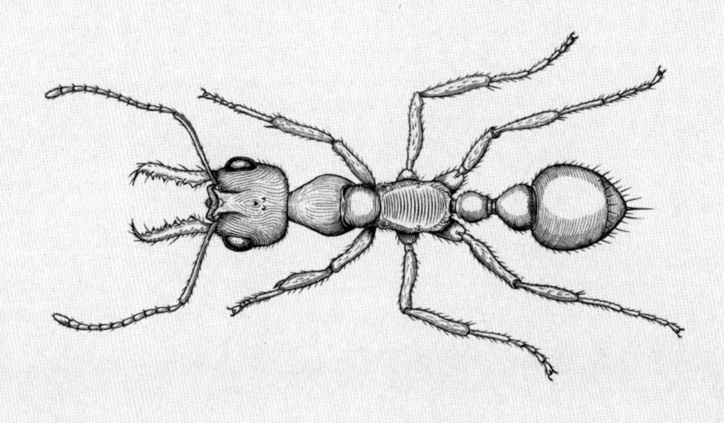

Chapter 24

第二十四章

An Endangered Species

一个濒临灭绝的物种

2011年，我带领一支由野外生物学家组成的探险队前往瓦努阿图，这里曾经被称为新赫布里底群岛，由法国和大英帝国联合统治。现在瓦努阿图已经成了一个新的独立的民主国家。劳埃德·戴维斯、凯瑟琳·霍顿、克里斯蒂安·拉贝林和我可以在群岛北部的大岛圣埃斯皮里图岛以及首都所在的中央岛屿埃法特岛大量采集标本。57年前，我作为一个法国种植园主家的客人到访过圣埃斯皮里图岛，在当地雨林只采集了一天，就因为生病不得不搭乘最近的航班离开那里。

现在我作为团队的一名成员，可以驻留在那里去寻找蚂蚁。我们沿着海岸，然后进入两个岛屿的中央山脉地区，全面地采集了当地的物种。我们发现了许多新物种，并且得以将这里的蚂蚁动物群置于整个东南亚的背景下考察。

接下来我们把注意力转向了邻近的新喀里多尼亚，迎接一个完全不同的挑战。我们收到了来自埃尔韦·茹尔当（Hervé Jourdan）的信息，他是就职于首府努美阿发展研究所的一名昆虫学家。他说黄尾犬蚁（*Myrmecia apicalis*）这种曾被一些专家认为已经灭绝的重要蚂蚁被重新发现了。他问我们是否愿意前往当地，寻找更多该物种的标本，并参与发展研究所对其现状的研究。

新喀里多尼亚犬蚁出于很多原因在过去和现在都有着很重要的地位。首先，犬蚁因其巨大的体形、攻击性行为和强力的螫针而得名，是澳大利亚特有的昆虫。唯独黄尾犬蚁曾在澳大利亚以外的地方被发现。它的祖先们，甚至有可能是单独的一只怀孕的蚁后，跨越广阔的海洋来到了新喀里多尼亚这一新环境，并最终演化成现在这样具有独特形态的物种。

黄尾犬蚁的模式标本（物种的拉丁学名定名标本）是19世纪在努美阿边缘的一片林地中采集到的。该地区现在已经变成了商业化郊区。1954年，我曾经寻找过黄尾犬蚁，在努美阿周边和其北部的森林多次搜索，终都无功而返。这一物种似乎已经灭绝了。

然而并非如此，发展研究所的昆虫学家埃尔韦·茹尔当写信告诉我，他在松树岛（L’Ile-des-Pins），一个位于努美阿东南部62英里处的小岛上发现了这种犬蚁。我们的团队现在不仅有机会对松树岛上的蚂蚁进行第一次研究，还可以了解一个极为稀有的蚂蚁物种的现状。

任何濒危物种的现状本身就是一个重要的科研机会。此前几乎所有关于珍稀物种和灭绝物种的研究都是关于脊椎动物的：哺乳动物、鸟类、爬行动物、两栖动物和淡水鱼类。极少有研究聚焦于已知超过100万种的昆虫、蜘蛛、蜈蚣、蜗牛和其他无脊椎动物中极为稀有的物种。如果我们能发现黄尾犬蚁并对其现状进行研究，我们相信，我们既可以帮助拯救这一濒临灭绝的蚂蚁物种，同时也能为可用信息匮乏的无脊椎动物灭绝研究填补内容。

我们开始在松树岛上搜寻犬蚁。作为曾经的罪犯流放地，这里有许多保持完好的原生栖息地。早期搜寻的区域是一片幸存的南洋杉林地，这种高大的针叶树可以追溯到中生代早期。该岛正是得名于这种挺拔而壮美的树木。在古代森林中寻找古代蚂蚁看起来十分合理，但是事与愿违，我们找到了一群小火蚁——金刻沃氏蚁（*Wasmannia auropunctata*），这是一种臭名昭著的入侵物种。该物种原产于新大陆的热带和亚热带大陆，由于偶然的人类活动，已被广泛引入其他热带区域。

在《佛罗里达蚂蚁》(*The Ants of Florida*，2017)中，

马克·德鲁普（Mark Deyrup）曾对金刻沃氏蚁“阴险狡诈的本性”以及它们通过何种手段主宰入侵地进行过描述。他写道：

> 一小群金刻沃氏蚁的工蚁慢慢潜入其他蚂蚁的觅食区和蚁巢，并在遭到挑战时进入防御状态。事实上，随着时间的推移，金刻沃氏蚁的数量增加到一定程度后，它们就能团结起来使用螯针及驱避性和刺激性气味去攻击和驱逐觅食区的其他蚂蚁并杀死所入侵蚁巢的原住民。被征服的最大蚁群会被集中到一起，有可能被用于喂养金刻沃氏蚁的幼虫。

在南洋杉林地，我们发现的小火蚁几乎取代了所有其他蚂蚁种类，以及小甲壳类、弹尾虫、千足虫和其他任何蚂蚁可能作为猎物的无脊椎动物。

幸运的是，埃尔韦·茹尔当知道在松树岛看到犬蚁的准确位置，我们便迅速聚集到了那个区域。和南洋杉林地截然不同，这里是一片小森林，有茂密的树下灌丛和大多约五米高的低矮树冠。最幸运的是这里还没有被小火蚁入侵。茹尔当沿着路肩边缘直线行走，我选择了和他平行的路线，边走边用网扫沿途的灌木和草本植物。

“我觉得就是这里了。”茹尔当说着从主路上走进了一片茂密的植物。很快他大喊道："我找到一只。"我不顾灌木上的尖刺和树下灌丛的藤蔓，朝他冲了过去。就在那里，我看到了一只黄尾犬蚁的工蚁沿着一棵小树的树干缓缓向下移动。我打开一个标本瓶，茹尔当用拇指和中指捏住蚂蚁，把它从树干上拽下来，然后递给我。然而我把它弄掉了！我们朝上看，发现第二只工蚁正在同一棵树上向下移动。当我甩动扫网准备就位时，茹尔当已经用手抓到了它。我看得出来，那只蚂蚁正在叮咬茹尔当，而且非常疼。但是他忍着疼，直到扫网准备好，他才把蚂蚁扔进网子的底部，至此我们得到了第一只标本。

在那颗树的基部，我们找到了黄尾犬蚁的巢穴。与此同时，克里斯蒂安·拉贝林找到了另外两个蚁巢。这几个蚁巢都没有被侵扰过。此后我们一起夜以继日地工作，利用笔记本和相机，对这个所有蚂蚁中最稀有的物种获得了大量认识。

从蚁巢的大小和觅食工蚁的数量上来判断，蚁群的规模很小，估计最多只有几百只。这些蚁巢只有一个洞口，这个洞口通向一条垂直的通道，并一直向下延伸到我们选择不去挖掘的地下蚁室。洞口十分不明显，周围和正上方的碎片让它变得更为隐蔽。工蚁寻找食物时通常单独行动，早晨沿着树干爬上小树的树冠，去捕获昆虫和其他无脊椎动物，或者拾取其尸体。它们通常在快要入夜时带着

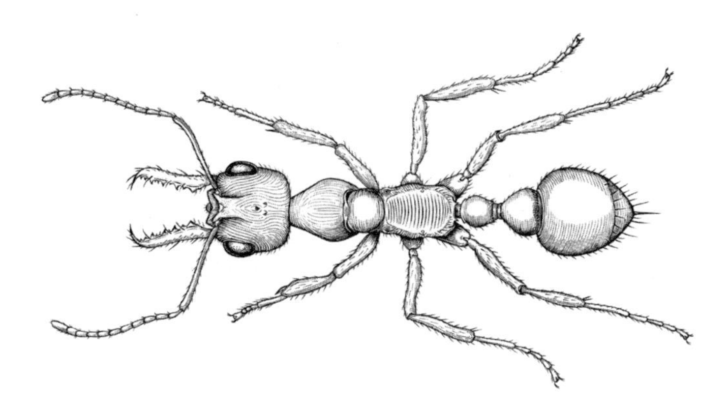

◆ 黄尾犬蚁工蚁。根据哈佛大学收藏的标本绘制。采集地点是新喀里多尼亚的松树岛（克里斯滕·奥尔绘制）

◆ 2011 年 11 月 24 日，埃尔韦·茹尔当、克里斯蒂安·拉贝林和爱德华·威尔逊准备搭乘飞机从新喀里多尼亚的努美阿前往附近的松树岛寻找可能已经灭绝的黄尾犬蚁（让-米歇尔·博雷摄）

◆ 探险队全体成员，在低潮期间涉水前往十分稀有的黄尾犬蚁被发现的地方。从左至右：克里斯蒂安·拉贝林、爱德华·威尔逊、埃尔韦·茹尔当、劳埃德·戴维斯和凯瑟琳·霍顿（让-米歇尔·博雷摄）

◆ 第一只黄尾犬蚁标本，被埃尔韦·茹尔当抓住后，扔进了威尔逊拿着的扫网中。这个时候蚂蚁正在叮咬茹尔当（凯瑟琳·霍顿摄）

◆ 埃尔韦·茹尔当和威尔逊成功找到了几乎灭绝的黄尾犬蚁的首个巢穴（凯瑟琳·霍顿摄）

◆ 一只黄尾犬蚁工蚁（让-米歇尔·博雷摄）

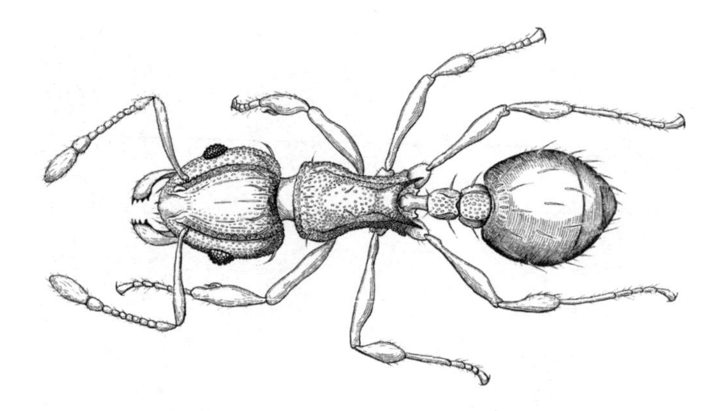

◆ “杀手”物种金刻沃氏蚁，一种来自南美热带地区的入侵物种，是包括松树岛在内的世界上其他地区蚂蚁种群减少的罪魁祸首（克里斯滕·奥尔绘制）

◆ 图中所展示的林地土壤和碎屑中的零星浅灰色斑点，是拥有发亮柄后腹的“小火蚁”金刻沃氏蚁，不断逼近并严重威胁着可能最后一群濒临灭绝的犬蚁，以及其余的大部分无脊椎动物（凯瑟琳·霍顿摄）

食物返回巢穴。当蚁巢周围受到侵扰时，它们不会像多数其他蚁群繁盛的澳大利亚犬蚁一样去攻击入侵者。它们在巢穴外面会相对胆小和谨慎，其数量和行为看起来也不会对生态系统产生重要的影响。

生态系统反而正在杀死它们。最终的致命因素将是几千米之外种群密集的那些小火蚁——金刻沃氏蚁。很显然它们正在朝犬蚁的地盘扩散。

这个精致的小物种的黑暗命运完全取决于人类。只有阻止小火蚁并将其击退，以及将新喀里多尼亚犬蚁和其他尚未被识别的濒危物种所在的这片林地设立为严密监控的保护区，黄尾犬蚁和未被识别的其他物种才能被拯救。松树岛因曾作为流放地的建筑遗迹而闻名。事实上，岛上无价的濒危物种应该得到相同甚至更多的关注。

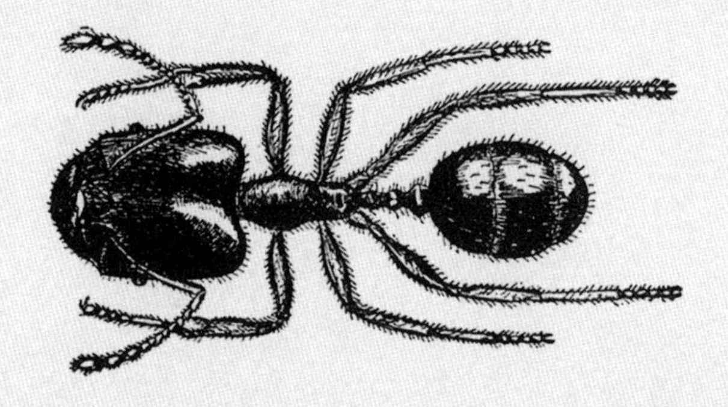

Chapter 25

第二十五章

Leafcutters, the Ultimate Superorganisms

终极超个体——切叶蚁

1955 年，在我刚开始成为野外生物学家的时候，我曾在巴布亚新几内亚一平方千米的低地雨林中鉴定出了 175 种蚂蚁。我相信这应该会成为一个持久的世界纪录。但事实没能如我所愿。后来，斯蒂芬·科弗和约翰·托宾在亚马孙的一个地点共采集到了 355 种蚂蚁，是我所采集数量的两倍。

新几内亚的冒险过去 40 年后，我的朋友托马斯·洛夫乔伊邀请我参观他在马瑙斯附近建立的野外观测站。我立刻接受了邀请。它满足了我在亚马孙研究蚂蚁的毕生梦想，尤其是在一种舒适的学术氛围之中。

去往营地的旅程出乎意料地简单。传说中的大航海时代已经一去不复返了，那时候，人们还得在当地人和武装警卫的带领下，沿着砍刀开辟的丛林小径长途跋涉（也许还会听到上游传来不祥的鼓声）。与之形成鲜明对比的是，我发现从波士顿到亚马孙州首府马瑙斯只需要一天的时间可能就够了。我于黎明出发，在迈阿密转机，航班为补充燃油在圣多明各短暂停留，然后开始前往马瑙斯的漫长直航旅程。接近午夜时，飞机抵达了目的地。晚上，在经过短暂的睡眠后，我搭乘一辆汽车向北，一小时后到达了野外观测站。

因为急于开始探险之旅，我甚至起得更早了。我走到附近的城市公园，只是想找到栖居在那里的蚂蚁和其他昆虫。我看到的第一只蚂蚁就是我最期待的那种。这种蚂蚁红褐色，中等大小，大多独自游荡。其他蚂蚁则成群结队地跑着，其中一小部分蚂蚁正扛着刚剪下来的新鲜树叶碎片。这种蚂蚁我们每一个人都知道，它们在英语国家被称为“剪叶者”（leafcutter）或“真菌种植者”（fungus grower），在巴西被称为“saúva”，在巴拉圭被称为“isaú”，在圭亚那被称为“cushi”，在哥斯达黎加被称为“zampopo”，在尼加拉瓜和伯利兹被称为“wee-wee”，在墨西哥被称为“cuatalata”，在古巴被称为“bibijagua”，在美国得克萨斯州和路易斯安那州最北部边缘地区，当地人把它们叫作“城镇蚁”（town ant）或“parasol”。它们是西半球温带和热带地区的主要昆虫之一。

我在马瑙斯的城区发现了切叶蚁。我安静地向它们打招呼："嗨，小家伙们！"

分类学家将马瑙斯和其他地方的切叶蚁物种正式归类为切叶蚁族（Attini），这是一个相对较大的族群，其内包含超过 100 种蚂蚁，遍及从阿根廷到美国路易斯安那州的整个温带和热带地区。大多数切割树叶的切叶蚁（attine）都被归入切叶蚁属（*Atta*）和顶切叶蚁属（*Acromyrmex*）。

切叶蚁属和顶切叶蚁属比其他所有动物更值得被注意的地方在于，它们能够在由咀嚼过的新鲜植物制成的菌床上培植真菌类生物。通过这个能力扩展，它们可以建造非常巨大的蚂蚁城市。由于它们需要的植物资源几乎是无穷无尽的，切叶蚁作为真菌培植者可以在几乎任何地方繁衍生息。

在所有的蚂蚁类群中最神奇的莫过于这些园丁，它们在演化中发展出培养共生菌的技能，而这些共生菌也只有在其宿主的照顾下才能蓬勃发展。由于切叶蚁拥有几近无穷的空间来挖掘蚁巢，而且有大量的新鲜植物可用于培植真菌，所以它们在其活动范围内是优势种群。

将新鲜的野生植物转化成丰富的粮食作物，切叶蚁是如何取得这种突破的？这种行为为什么在世界上其他动物物种中没有出现过？

切叶蚁的种植技术如此稀有，最有可能的原因是其非同寻常的复杂性。切叶蚁把植物转变成可食用的菌类的过程是通过复杂的合作完成的。而这种合作需要其严密的、特化的等级制度来配合。等级体现在体形和异速生长（身体不同部分具有不同的生长速度）造成的身体差异上，也体现在它们在完成每项任务时的本能反应和所需劳动方面的差异上。由异速生长所产生的等级制度是整个蚂蚁世界社会秩序的基石。

异速生长是蚂蚁社会行为的基础，其本身也很简单：蚂蚁的体形越大，其身体各部分相对大小的差异就越大（对异速生长的另一种诠释其实就是"相对生长"）。这种现象在蚂蚁的世界中是普遍存在的。蚂蚁的胸部和柄后腹越大，头部所占的比例就越大。

切叶蚁蚁群中体形最小的等级被叫作小型工蚁（minor 或 minim，低阶蚂蚁），其身体各部分的比例和常见的典型蚂蚁相似。那么身处另一极端，具有怪物般头部的超级兵蚁又扮演什么样的角色呢？它们待在蚁巢的深处，通常只有洞口被挖开的时候才能看到。我认为这些留守的体形最大的蚂蚁可能是专门用来防御诸如犰狳、熊以及巨型食蚁兽这类大型捕食者的。有一天，我逗留在哥伦比亚马格达莱纳河边上的一个农场时，我发现那里到处都是切叶蚁的蚁群。我提出了一个问题——这些超级兵蚁是通过哺乳动物的气味做出反应的吗？否则它们如何断定来袭的敌人是致命的，而不是普通兵蚁就可以应对的一般敌人呢？

为了验证这一假设，我趴在地上，往蚁巢边缘发现的一些开口里吹气，这些开口能将新鲜的空气引入超级兵蚁居住的蚁室深处。几分钟后，我看到了一小群大头等级的蚂蚁（超级兵蚁）跌跌撞撞地走了出来，这是我第一次在外面而不是在完好的蚁巢内看到它们。

超级兵蚁拥有相对巨大的头和尖锐而沉重的上颚，巨大头部的内容物主要是内收肌，而正是在大量内收肌的控制下，成对的上颚保持着闭合状态。有了这个装置，超级兵蚁可以切开几乎任何其他昆虫的几丁质外壳，还有哺乳动物的皮肤以及人类登山靴的皮革。

作为育幼蚁，小型工蚁把绝大多数时间都花费在蚁巢内，用于照料它们未成年的姐妹。它们也会担当培植真菌的园丁角色，这些生长在植物菌床上的真菌是它们主要或者说唯一的食物。而那些大头兵蚁，尤其是头部更大的超级兵蚁则有着截然不同的职责。它们是重型部队，随时准备攻击包括食蚁兽和人类农民在内的胆敢挖开蚁巢内部的敌人。

小型工蚁在和它们的小伙伴共事时至少还会担负另一项重要的责任。中等大小的中型工蚁（media）负责营造蚁巢，处理刚刚切割的植物碎片，以及建造蚁群赖以生存的菌床。在野外忙着获取用于建造真菌花园的植物时，它们会受到在分类学上属于蚤蝇科（Phoridae）的一类小型寄生蝇的攻击。这些敏捷的小昆虫会从空中俯冲下来，然后将卵产在蚂蚁身上。孵化后的幼虫会穿透蚂蚁的外骨骼，进入其体内并杀死它们。寄生蝇最终羽化为成年蝇，开始新的生命周期。中型工蚁在搬运叶子碎片归巢的途中极易受到攻击，这时小型工蚁就成了它们的守卫。小型工蚁会在觅食途中陪伴中型工蚁，它们骑在叶子碎片顶部，扮演着活体拂尘的角色。当寄生蝇逼近它们的目标时，它们会被这些小蚂蚁用后足踢赶驱离。

切叶蚁和它们的人类“同行”一样，能够形成密集的种群。切叶蚁的群落是巨大的，事实上在全世界已知的群居昆虫中，它们的巢群属于最大的。蚁后婚飞期间和几只雄性交配后，会获得两三亿个精子细胞，它会把这些精子储存在受精囊中。在作为蚁后的 10~15 年之间，它会一个一个地将精子细胞从受精囊中排出。在这期间它可以养育 1.5 亿 ~2 亿只工蚁，差不多是美国总人口的一半之多。在蚁群扩展到最大之前，里面开始出现未受精的蚁后和雄性蚂蚁，蚁群得以扩散并开始繁殖新的蚁群。

性成熟的蚁群建造的蚁巢是巨大的，也许是自然界由个体或群体建造的最大巢穴。一个典型的估计，超过六年的六刺芭切叶蚁（*Atta sexdens*）蚁巢中包含 1 920 个蚁室，其中的 238 个被蚂蚁和菌圃所占用。蚁道和蚁室通过复杂的网络连通。挖掘蚁巢时被挖到外面并堆积在地表的土壤大约有 40 吨重。

切叶蚁成员内部的分工如此明显和强大，以至于每个蚁群都有理由被称为一个超个体（superorganism）。这种表述是伟大的蚁学家威廉·莫顿·惠勒在 1910 年首先使用的，此后断断续续地被生物学家所使用。由不少于一只蚁后或工蚁组成的蚁群，为了生存下去，必须组成一个多元素紧密配合的整体，就像各个器官互相配合才能成为一个有机体一样。这个类比是很清楚的：兵蚁和那些扮演“拂尘”的小型工蚁是防御系统，蚁后是生殖器官，负责照料花园的其他小型工蚁是消化系统，而中型工蚁起到了诸如大脑、手、脚和感觉系统的作用。

这种为了整体划分功能产生的一个结果是，蚁群成员作为个体固然会单独演化，但蚁群本身也会作为一个整体发生演化。随着时间的推移，蚁群会发生变化，同种间距离较近的蚁群会产生竞争，导致蚁群层面上发生自然选择。同样的进程也会出现在蚁群个体成员层面上。战斗中出现的诸如利他主义和勇气这样的社会特性是由群体选择决定的；换句话说，蚁群之间的竞争会引导工蚁做出最有利于自身群体的行为。与此同时，个体层面上的自然选择会产生做出自私行为的个体。自私行为在工蚁、蚁后及雄性蚂蚁争夺空间、食物和生育权利时随处可见。

切叶蚁惊人的生殖力、蚁后超长的寿命（凯瑟琳·霍顿在实验室内饲养的蚁群在维持了 13 年之后开始繁殖雄性蚂蚁和未受精的蚁后）以及工蚁勤奋的工作能力，使得它们无处不在。这也给它们的人类邻居带来了重大的经济问题。只要一个蚁群就可以挖掘成吨的土壤并造成农作物减产。它们可以在一夜之间把一棵柑橘树的树叶吃光，或者将整个家庭农场的花园摧毁。而且它们经常这么干。

早期的葡萄牙殖民者是这样评价这些六足对手的：巴西要么征服蚂蚁，要么被蚂蚁征服。他们指的并不是生活在树冠顶部的暴躁的弓背蚁（数以千计的弓背蚁会从它们长满附生植物的蚁圃中掉下来，叮咬入侵者并向其喷射甲酸）。人们也可以对把灌木变成荨麻的蜇人伪切叶蚁属蚂蚁置之不理。火蚁属也一样，尽管这种入侵生物已经成了美国和其他一些国家的灾难。人类甚至可以忍受行军蚁——森林中的行军蚁军团可以驱逐几乎所有挡在它们前面的不管大型还是小型的动物。

很明显，早期的葡萄牙人指的是另一个对手：切叶蚁。它们是花园和作物的毁灭者，牧场的破坏者。

切叶蚁没有被征服，巴西人也没有放弃。时至今日，两者依然处于僵局中。我们甚至应该把切叶蚁的存在看作自然环境的赐福。在广袤壮丽的热带雨林、热带草原以及其他陆地荒野上，切叶蚁是首要的翻土者。它们作为植食

◆ 一个真菌培植蚁群劳动分工的明显例子。中型工蚁，体形中等大小，正在搬运刚切割下来的叶子碎片，用于培植真菌食物。小型工蚁骑在叶片顶部，体形较小，主要负责驱离寄生蝇，保卫中型工蚁（亚历克斯·怀尔德摄）

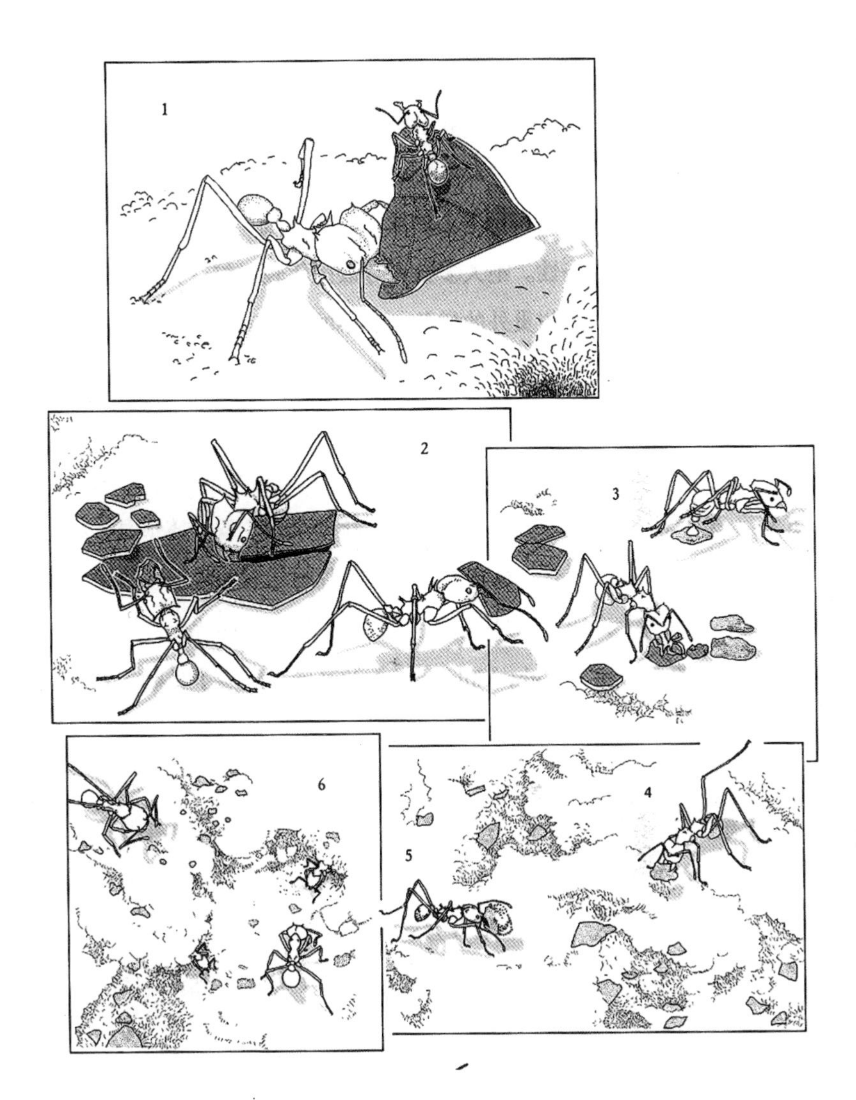

◆ 蚂蚁采集植物碎片，并将其用作培植真菌食物的花园基质（来自 B. Hölldobler and E. O. Wilson, *The Leafcutter Ants: Civilization by Instinct*, 2011）

动物从古代一直延续至今，通过翻土这一至关重要的功能，创造了独特的生态系统，并增加了整个栖息地的生物多样性。

切叶蚁是自然状态下的成功超个体。即便人类不能完全掌控，对人类来说它们依然是一种生命和奇迹的来源。

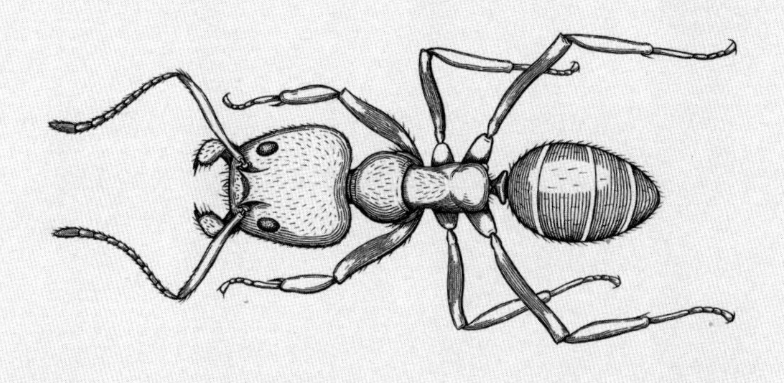

Chapter 26

第二十六章

Ants That Lived with the Dinosaurs

恐龙时代的蚂蚁

在 20 世纪 50 年代，我和我的导师威廉·布朗有过多次关于蚂蚁祖先演化进程的对话。我们和其他学者对成千上万种现存的蚂蚁所做的研究，仅提供了少量的线索帮助我们了解这种优势昆虫群体出现的时间和地点。蚂蚁是从哪里起源的？是什么时候出现的？甚至于，它们为什么会出现？

可供研究的化石数量极多。最丰富的资源是保存在波罗的海琥珀中的大量样本，大约 5 000 万年前的始新世时期，在今天的北海地区，生长着产生这些树脂化石的树木。威廉·莫顿·惠勒作为我们哈佛大学的前辈，收集了大量化石并对其进行了详细的描述。关于蚂蚁从古至今的演化进程，波罗的海琥珀揭示了大量信息，但总体上没有关于蚂蚁起源的明确证据。我们能做的只是推测过去，推演在波罗的海化石中发现的蚂蚁祖先的演化趋势。

我们对蚂蚁最原始祖先可能的样貌进行了推测。它们肯定是某种有刺的胡蜂，命中注定要实现生活方式从独居到群居的巨大飞跃。我们需要比波罗的海琥珀更古老的化石。一些从更古老的岩石沉积物中取得的零散化石显示，我们需要获得来自白垩纪时期的蚂蚁琥珀化石，这是中生代最重要的一段时期——“爬行动物时期”，恐龙就生活在这一时期。

事情的转机出现在 1965 年。两名来自新泽西的业余化石收集爱好者（埃德蒙·弗雷夫妇）在检视来自新泽西州某区域的白垩纪琥珀标本碎片时，发现其中一块琥珀内包含两只工蚁。他们慷慨地把这些在科学上极为珍贵的化石捐赠给了哈佛大学。我也因此获得了研究它们到底是什么的特权，在琥珀化石中我很清晰地看到了大约 9 000 万年前的蚂蚁。

这些来自远古的使者给我们带来了哪些新认识呢？它们的外部形态（至少所有可见的部分）与我和比尔·布朗所推测的仅有一部分相匹配。一些形态特征比我们所推测的更为原始。换句话说，这种来自新泽西的白垩纪蚂蚁是一个嵌合体，结合了一些与胡蜂祖先相似的共有特征和一些早期蚂蚁的独有特征。这些特征表述如下：

类胡蜂的上颚

类蚂蚁的身体中部

类蚂蚁的“腰部”至腹部端部

触角形态介于胡蜂和蚂蚁之间

我不得不发明一个由两部分组成的拉丁名，为这一化石物种正式命名。我把它定名为弗雷氏蜂蚁（*Sphecomyrma freyi*），第一部分是属名，意为“胡蜂–蚂蚁”，第二部分是它的种加词，用以承认和纪念发现第一个样本的弗雷夫妇的贡献。

加拿大艾伯塔省和缅甸也发现了类似的琥珀沉积物，在这些沉积物中我们找到了蜂蚁类的其他样本。一时间，我们似乎已经找到了解决蚂蚁起源问题缺失的一环，或者说至少已经在接近答案了。蚂蚁似乎是由中生代的胡蜂祖先基本沿着直线一个特征接一个特征地演化形成的。

然而，突然之间（至少从地质年代角度来看）一切都改变了。随着被发现的中生代化石越来越多，现代蚂蚁演化的祖先也越来越清晰。很明显，最早期的蚂蚁并不是沿着直线演化的。相反，演化更成功的蚂蚁会经历一种适应性辐射：恐龙时代的生态系统中，为适应不同的生态位而特化的一种蚂蚁或若干种蚂蚁，分化形成了大量新的蚂蚁物种。

中生代末期出现的辐射物种中的一种或少数几种形成了现代庞大的蚂蚁区系的“冠群”。如同菲利普·巴登（Phillip Barden）、根纳季·M. 德鲁斯基（Gennady M. Dlussky）、戴维·A. 格里马尔迪（David A. Grimaldi）和其他分析者所展示的那样，它们中的每一支系都是自适应辐射的独立产物。

这种扩散（至少是化石中最直接可见的部分）基本上可以通过工蚁头部的变化表现出来。头部的变化可以有效区分不同蚂蚁物种获取食物以及防御敌人时采用的手段。头部结构最极端的变化大概出现在哈迪斯蚁属（*Haidomyrmex*，也叫黑帝斯蚁属）形成的时候，第一个发现其标本并对其进行研究的是俄罗斯昆虫学家根纳季·M. 德鲁斯基。其名字在希腊语中的意思是“来自死亡之地的蚂蚁”，或是像生物学家私下交谈时称呼它们的那样，是“地狱蚂蚁”。其他蚂蚁，包括常见的有陷阱颚的蚂蚁，上颚开合时都是水平运动，就像我们拍手时做的那样，而哈迪斯蚁属在演化过程中上颚发生了90度旋转，它们的上颚抵近上唇，运动和开合的方向都是垂直的。在发现的琥珀化石中，有一个标本的上颚正好抓着一只甲虫幼虫，说明这种独特的结构是有效的。

闲谈时我偶尔会问其他博物学家，如果有魔法允许他们前往地球史上的任何时间、任何地点待上几个小时，他

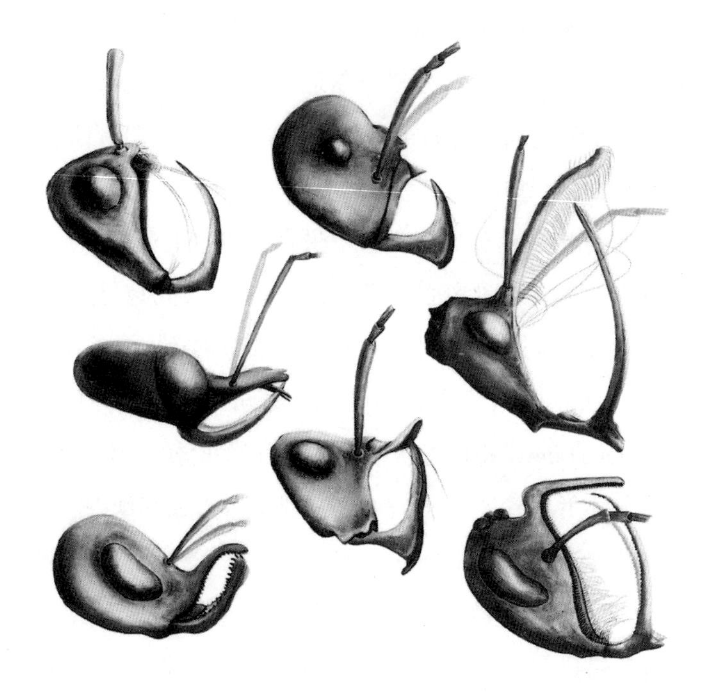

◆ 中生代“地狱蚂蚁”（哈迪斯蚁），六种与恐龙生活在同一时期的蚂蚁的头部侧面观。现代蚂蚁的上颚是水平运动的，而哈迪斯蚁的上颚是垂直运动的（菲利普·巴登绘制）

们会选择去往地球的哪个时代和哪个地方。我已经有了自己的答案：一亿年前的一片到处都是蚂蚁（包括哈迪斯蚁属）的中生代森林。

致谢

我非常感谢许多人在本书的撰写过程中所做出的贡献，特别是哈佛大学的凯瑟琳·霍顿和利夫莱特（Liveright）出版公司的罗伯特·韦尔，感谢他们的建议和支持。感谢我在哈佛大学的蚁学家同事斯蒂芬·科弗和戴维·陆伯塔兹（David Lubertazzi），他们提供了极好的校正意见和有价值的附加信息。感谢克里斯滕·奥尔提供特色物种的精确手绘图。

参考文献

Barden, P. 2017. Fossil ants (Hymenoptera, Formicidae)—Ancient diversity and the rise of modern lineages. *Myrmecological News* 24: 1–30.

Barden, P., and D. A. Grimaldi. 2016. Adaptive radiation in socially advanced stem- group ants from the Cretaceous. *Current Biology* 26: 515–21.

Brown, Jr., W. L., and E. O. Wilson. 1959. The evolution of the dacetine ants. *Quarterly Review of Biology* 34(4): 278–94.

De Bekker, C., I. Will, B. Das, and R. M. M. Adams. 2018. The ants (Hymenoptera, Formicidae) and their parasites—Effects of parasitic manipulations and host responses on ant behavioral ecology. *Myrmecological News* 28: 1–24.

Delage- Darchen, B. 1972. Une fourmi de Côte- D'Ivoire—*Melissotarsus titubans* Del., n. sp. *Insectes Sociaux* 19(3): 213–36.

Deyrup, M. 2017. *Ants of Florida— Identification and Natural History* (Boca Raton, FL: CRC Press).

Fisher, B. L., and B. Bolton. 2016. *Ants of Africa and Madagascar—A Guide to the Genera* (Oakland, CA: University of California Press).

Frank, E.T., M. Wehrhahn, and K. E. Linsenmair. 2018. Wound treatment and selective help in a termite- hunting ant. *Proceedings of the Royal Society* B 285: 20172457.

Haapaniemi, K., and P. Pamilo. 2015. Social parasitism and transfer of symbiotic bacteria in ants (Hymenoptera, Formicidae). *Myrmecological News* 21: 49–57.

Hölldobler, B., and E. O. Wilson. 1990. *The Ants* (Cambridge, MA: Belknap Press of Harvard University Press).

——. 2011. *The Leafcutter Ants— Civilization by Instinct* (New York: W. W. Norton).

Laciny, A., et al. 2018. *Colobopsis explodens* sp. n., model species for studies on "exploding ants" (Hymenoptera, Formicidae), with biological notes and first illustrations of males of the *Colobopsis cylindrica group. ZooKeys* 751:

1–40.

Masuko, K. 1984. Studies on the predatory biology of oriental dacetine ants (Hymenoptera, Formicidae), 1— Some Japanese species of *Strumigenys, Pentastruma*, and *Epitritus*, and a Malaysian *Labidogenys*, with special reference to hunting tactics in short- mandibulate forms. *Insectes Sociaux* 31(4): 429–51.

McKeller, R. C., J. R. N. Glasier, and M. S. Engel. 2013. A new trap- jawed ant (Hymenoptera, Formicidae, Haidomyrmecini) from Canadian Late Cretaceous amber. *Canadian Entomologist* 145: 454–65.

Moreau, C. S. 2009. Inferring ant evolution in the age of molecular data (Hymenoptera, Formicidae). *Myrmecological News* 12: 201–10.

Naka, T., and M. Matuyama. 2018. *Aphaenogaster gamagumayaa* sp. nov.— The first troglobiotic ant from Japan (Hymenoptera, Formicidae, Myrmicinae). *Zootaxa* 4450(1): 135–41.

Peeters, C. 2012. Convergent evolution of wingless reproductives across all subfamilies of ants, and sporadic loss of winged queens (Hymenoptera, Formicidae). *Myrmecological News* 16: 75–91.

Peeters, C., and F. Ito. 2015. Wingless and dwarf workers underlie the ecological success of ants (Hymenoptera, Formicidae). *Myrmecological News* 21: 117–30.

Peeters, C., I. Foldi, D. Matile- Ferrero, and B. L. Fisher. 2017. A mutualism without honeydew: What benefits for *Melissotarsus emeryi* ants and armored scale insects (Diaspididae)? *PeerJ* 5: e3599; DOI 10.7717/peerj.e3599.

Schneirla, T. C. 1971. *Army Ants: A Study in Social Organization*, edited by H. R. Topoff (San Francisco: W. H. Freeman).

Wehner, R., and M. V. Srinivasan. 1981. Searching behavior of desert ants, genus *Cataglyphis* (Formicidae, Hymenoptera). *Journal of Comparative Physiology* A 142: 313–38.

Wehner, R., R. D. Harkness, and P. Schmid- Hempel. 1983. *Foraging Strategies in Individually Searching Ants* Cataglyphis bicolor (*Hymenoptera, Formicidae*) (New York: Fischer).

Wheeler, W. M. 1910. *Ants, Their Structure, Development and Behavior* (New York: Columbia University Press).

Wilson, E. O. 1962. The Trinidad cave ant *Erebomyrma* (= *Spelaeomyrmex*) *urichi* (Wheeler), with a comment on cavernicolous ants in general. *Psyche* 69(20): 62–72.